207

Anaesthesiologie und Intensivmedizin
Anaesthesiology and Intensive Care Medicine

vormals „Anaesthesiologie und Wiederbelebung"
begründet von R. Frey, F. Kern und O. Mayrhofer

Herausgeber:

H. Bergmann · Linz (Schriftleiter)
J. B. Brückner · Berlin   M. Gemperle · Genève
W. F. Henschel · Bremen   O. Mayrhofer · Wien
K. Meßmer · Heidelberg   K. Peter · München

Joachim Radke

Das ionisierte Calcium im Extrazellularraum bei Hypothermie und Azidose

Mit 36 Abbildungen und 7 Tabellen

Springer-Verlag
Berlin Heidelberg New York
London Paris Tokyo

Priv.-Doz. Dr. med. Joachim Radke
Zentrum Anaesthesiologie
Georg-August-Universität Göttingen
Robert-Koch-Straße 40, D-3400 Göttingen

ISBN-13: 978-3-540-50028-5   e-ISBN-13: 978-3-642-73893-7
DOI: 10.1007/978-3-642-73893-7

CIP-Kurztitelaufnahme der Deutschen Bibliothek
Radke, Joachim: Das ionisierte Calcium im Extrazellularraum
bei Hypothermie u. Azidose/J. Radke.
Berlin; Heidelberg; New York; London; Paris; Tokyo: Springer, 1988
(Anaesthesiologie und Intensivmedizin; 207)

NE: GT

Satz und Druck: Zechnersche Buchdruckerei, Speyer
Bindearbeiten: J. Schäffer, Grünstadt

2119/3140-543210 – Gedruckt auf säurefreiem Papier

Inhaltsverzeichnis

1 Einleitung

1.1 Physiologie und Regulation des Calciumhaushaltes

Die grundlegende Bedeutung von Calcium für den Organismus liegt in seiner vielfältigen Verwendung. Sowohl als Baustein des knöchernen Skeletts als auch für zahlreiche Funktionsabläufe ist Calcium unentbehrlich (s. Tabelle 1).

Im Reaktionsablauf des plasmatischen Gerinnungssystems sind Calciumionen als Faktor IV von entscheidender Bedeutung. Nur in ihrer Anwesenheit können verschiedene Vorstufen von anderen Gerinnungsfaktoren in die aktive Form umgewandelt werden. Innerhalb der Zelle ist die Calciumkonzentration gering. Eine membranständige Calciumpumpe hält den Gradienten zum Extrazellularraum aufrecht. Herabsetzung des extrazellulären und des Membrancalciums führt zu gesteigerter Permeabilität der Zellmembran und damit zu erhöhter neuromuskulärer Erregbarkeit.

Im Muskel ist das intrazelluläre Calcium entscheidend für die Umsetzung von Erregung in Kontraktion. Nach Membrandepolarisation der Mikrosomen wird aus ihnen Calcium in das Zellinnere freigesetzt und bewirkt dort die Reaktion zwischen Actomyosin und ATP, deren Auswirkung die Muskelkontraktion ist.

Die Bedeutung von Calciumionen für Inkretion und Exkretion zahlreicher Drüsen ist nachgewiesen, so z. B. für Speichel, Magensaft, Insulin und Renin. Ebenso beeinflußt Calcium im Intermediärstoffwechsel eine Reihe von Enzymen. Ein speziell calciumbindendes Protein (Calmodulin) spielt als Regulator von calciumaktivierten Enzymen und der Calciumpumpe der Zellmembran eine wichtige Rolle.

Für die Calciumregulation sind Darm, Niere und Knochen die wichtigsten Organe. Ihre Tätigkeit wird durch 3 Hormone gesteuert. Parathormon erhöht die tubuläre Resorption und steigert die Freisetzung aus dem Knochen ebenso wie die intestinale Resorption. Als Metabolit des Vitamin D steigert 1,25-Dihydroxycholecalciferol die intestinale Resorption und Mobilisierung von Calcium aus

Tabelle 1. Funktionen von Calcium im Organismus

- Knöchernes Skelett
- Gerinnungssystem, Faktor IV
- Permeabilität von Zellmembranen
- Essentielles Ion für viele Enzyme und Hormone
- Kontraktilität des Skelett- und Herzmuskels
- Funktion des Zentralnervensystems
- Funktion exo- und endokriner Drüsen
- Aktivierungsprozesse aller Art

dem Knochen. Das von den C-Zellen der Schilddrüse sezernierte Calcitonin hemmt die Calciumfreisetzung aus dem Knochen und fördert die renale Elimination.

1.2 Calciumfraktionen im Blut

Das im Blut enthaltene Calcium befindet sich fast ausschließlich im Plasma. Dort liegt Calcium in verschiedenen Fraktionen vor (Abb. 1). Neben einer proteingebundenen, nicht diffusiblen gibt es eine diffusible Fraktion, die in der Lage ist, Zellmembranen und Gefäßwände zu durchdringen. Diese diffusible Fraktion besteht aus einem in Komplexen mit anorganischen Anionen gebundenen Anteil und den sogenannten „freien Calciumionen". Nur die freien Ionen sind biologisch aktiv und von klinischer Relevanz. In biologischen Flüssigkeiten liegen sie in hydratisierter Form vor [88]. Während die Elektrolyte Natrium und Kalium z.B. zu über 98 % in ionisierter Form vorhanden sind, beträgt dieser An-

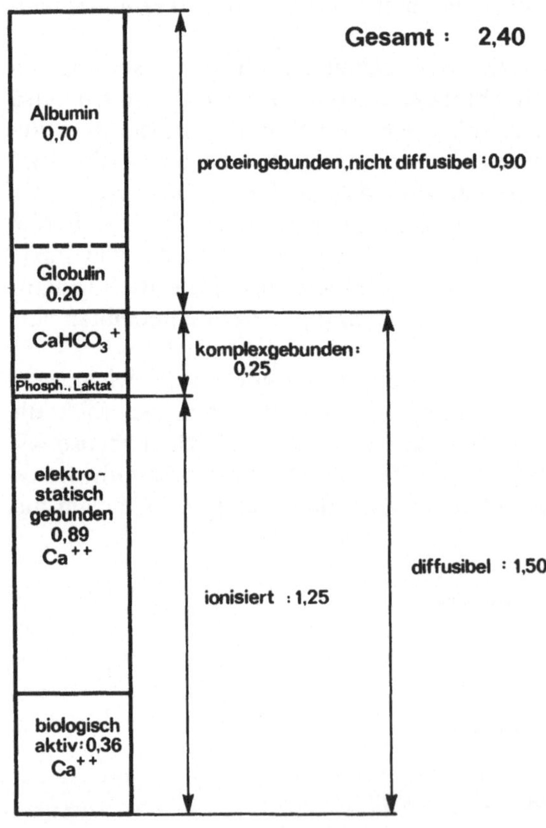

Abb. 1. Calciumfraktionen im Plasma. (Nach [88])

teil beim Calcium nur etwa 52%. Proteingebunden sind rund 33% und komplexgebunden 15%.

Alle Fraktionen stehen miteinander in einem Gleichgewicht, das u. a. beeinflußt wird durch pH-Veränderungen, Eiweißverschiebungen und Konzentrationsänderungen der Komplexbildner [66]. Unter physiologischen Bedingungen beträgt die Gesamtkonzentration von Calcium im Plasma etwa 2,4 mmol/l. Die proteingebundene Fraktion umfaßt 0,9 mmol/l. Davon sind über 80% an Albumin, der Rest an Globuline gebunden. Das Ausmaß der Bindung ist abhängig vom pH-Wert, weil Protonen und Calciumionen um die Bindungsstellen am Eiweißmolekül miteinander konkurrieren. 15% der Gesamtcalciumkonzentration im Plasma sind komplexgebunden an Citrat ebenso wie an Lactat, Phosphat oder Bicarbonat. Wegen der vergleichsweise hohen Bicarbonatkonzentration im Plasma stellt das an Bicarbonat gebundene Calcium ($CaHCO_3^+$) den Hauptanteil des komplexgebundenen Calciums.

Etwa ebenso groß wie der protein- und komplexgebundene Anteil zusammen ist mit 1,25 mmol/l der ionisierte Anteil. Aber aufgrund des Vorhandenseins anderer Elektrolyte im Plasma, hauptsächlich Natrium und Chlorid, wird der Großteil der freien Calciumionen „elektrostatisch inaktiviert" [87]. So bleiben letztlich als der eigentlich biologisch aktive Teil nur 0,36 mmol/l übrig. Das entspricht einem Anteil von nur 15% an der Gesamtcalciumkonzentration im Plasma.

1.3 Fragestellung der Arbeit

Allgemein bekannt ist, daß den Veränderungen des pH-Wertes im Blut metabolische oder respiratorische Ursachen zugrunde liegen können. Solche pH-Wert-Veränderungen sind aber auch durch Temperaturverschiebungen im Blut möglich. Ursache hierfür ist neben anderem die Temperaturabhängigkeit des Neutralpunktes von reinem Wasser. Aus welchem Grund auch immer sich der pH-Wert des Blutes verschiebt, stets verändert sich auch das Verhältnis der verschiedenen Calciumfraktionen zueinander und damit die Konzentration des ionisierten Calciums im Blut. Bereits 1935 beschrieben McLean u. Hastings die pH-Abhängigkeit der Aktivität des ionisierten Calciums. In späteren Untersuchungen ist diese Beziehung oft nicht genügend beachtet worden [31, 50], die Ergebnisse sind zuweilen widersprüchlich [31, 71, 72]. Und nur in wenigen Studien ist dieser Zusammenhang auch klinisch untersucht worden [60, 73, 105].

Veränderungen der Konzentration des ionisierten Calciums mit der Temperatur sind grundsätzlich auf 2 Wegen möglich. Zum einen besteht der oben beschriebene indirekte Einfluß der Temperatur über die pH-abhängige Proteinbindung von Calcium. Zum anderen existiert ein direkter Einfluß der Temperatur auf die Proteinbindung von Calcium. Diese direkt temperaturabhängige Konzentrationsänderung des ionisierten Calciums ist bisher noch weitaus weniger methodisch exakt untersucht als die indirekte temperaturabhängige Beeinflussung über den pH-Wert. Gegenwärtig liegen kaum in vitro-Untersuchungen vor [72]. Die Zahl der klinischen Untersuchungen ist gering [9]. Errechnete oder gemessene Werte zur Temperaturabhängigkeit der Konzentration des ionisierten

Calciums sind hierbei oft nur „Abfallprodukte" von Untersuchungen mit anderer Zielsetzung. Dieser Mangel beruht möglicherweise darauf, daß der direkt temperaturabhängigen Verschiebung des Gleichgewichtes zwischen den Calciumfraktionen zumindest für die Klinik wenig Bedeutung beigemessen wird. Sicher ist aber, daß der sogenannte direkte Einfluß *nicht* direkt zu bestimmen ist, weil er stets mit einer Konzentrationsänderung der Wasserstoffionen verbunden ist.

In dem komplexen Geschehen „Hypothermie" ist jedoch die vorausberechenbare Beziehung zwischen den einzelnen Calciumfraktionen, dem pH-Wert und der Temperatur des Blutes von großer Bedeutung. Die gesteigerte Empfindlichkeit des hypothermen Herzmuskels gegen Katecholamingabe bringt z. B. Baller [8] mit erhöhten intrazellulären Calciumkonzentrationen in Zusammenhang. Auch im Krankheitsbild der malignen Hyperthermie wird der Konzentration des ionisierten Calciums im Blut eine entscheidende Rolle zugesprochen.

Dieser Sachverhalt gab Anlaß zu den vorliegenden Untersuchungen. Schwerpunktthema der Arbeit ist das Verhältnis der Calciumfraktionen im Blut zueinander unter dem direkten Einfluß von Temperaturveränderungen sowie von pH-Wert-Verschiebungen, die durch Temperaturveränderungen verursacht sind. Hierbei wurde speziell auf die Veränderungen der Konzentration des ionisierten Calciums eingegangen. Dazu wurden sowohl in vitro-Versuchsreihen als auch klinische Untersuchungen durchgeführt. Bei den in vitro-Versuchsreihen sind neben Vollblut auch dessen Kompartimente Erythrozytensuspension und Plasma untersucht worden. Durch diese Aufteilung war es möglich, zwischen dem alleinigen Einfluß der Erythrozyten oder des Eiweißes auf die Konzentration des ionisierten Calciums in Abhängigkeit von pH-Wert-Veränderungen bzw. Temperaturverschiebungen zu differenzieren. Dementsprechend gliedern sich die an einem Kreislaufmodell durchgeführten in vitro-Versuchsreihen in verschiedene Gruppen:

- Plasma (normaler Eiweißgehalt, frei von korpuskulären Bestandteilen);
- Erythrozytensuspension (eiweißfreies, mit Ringerlösung suspendiertes Erythrozytenkonzentrat);
- Gemisch aus Patientenblut und Primärfüllung der Herz-Lungen-Maschine nach Ende der extrakorporalen Zirkulation (reduzierter Hb-Wert und Eiweißgehalt);
- Vollblut, das alle Bestandteile in ursprünglicher Kombination enthält.

In den in vitro-Versuchsreihen sind Vollblut und seine Kompartimente in einem Kreislaufmodell verschiedenen Versuchsbedingungen ausgesetzt worden. Sowohl im offenen System als auch unter Luftabschluß sind Temperaturveränderungen vorgenommen worden. Um zwischen temperatur- und pH-bedingten Veränderungen differenzieren zu können, sind daneben Meßreihen durchgeführt worden, bei denen in Normothermie die pH-Wert-Verschiebungen respiratorisch, d. h. allein durch Veränderungen des Kohlensäurepartialdruckes, bewirkt werden.

Um die Übertragbarkeit der experimentell erhobenen Befunde auf die klinische Praxis zu überprüfen, sind ergänzende klinische Untersuchungen an Patienten erfolgt, die sich einer Operation am offenen Herzen mit Einsatz der extrakorporalen Zirkulation (EKZ) zu unterziehen hatten. Durch dieses Vorgehen ist es möglich gewesen, auch in den klinischen Untersuchungen die temperaturbedingten Konzentrationsänderungen des ionisierten Calciums im Gesamtorganismus zu beobachten.

Aus der Analyse der erhobenen experimentellen und klinischen Befunde werden eine Erklärung der Wirkung von Temperatur- und pH-Wert-Verschiebung auf die Konzentration des ionisierten Calciums versucht und Rückschlüsse für die klinische Arbeit diskutiert. Hierbei wird auch auf die Bedeutung der Erythrozyten und des Eiweißes eingegangen.

2 Methodik

Bis vor wenigen Jahren war nur eine ungenaue quantitative Erfassung der Konzentration des ionisierten Calciums im Blut möglich. Mit Hilfe von Nomogrammen mußte aus Gesamtcalcium, Eiweißgehalt und pH-Wert die Konzentration des ionisierten Calciums im Blut errechnet werden [89]. Abbildung 2 zeigt in modifizierter Form das Nomogramm, wie es seinerzeit McLean u. Hastings mit Hilfe der Frosch-Herz-Methode erarbeitet haben. Erst mit der Entwicklung ionenselektiver Elektroden ist es möglich geworden, die Konzentration des ionisierten Calciums unmittelbar zu messen.

2.1 Meßprinzip der ionenselektiven Elektrode

Die Arbeitsweise ionenselektiver Elektroden basiert auf den besonderen Eigenschaften der elektrochemisch wirksamen Membran. Im Gegensatz zur Dialysemembran ist die Elektrodenmembran nur für ein spezifisches Ion durchlässig, obwohl andere Ionen vorhanden sind. Für dieses spezifische Ion entwickelt die Elektrodenmembran ein Spannungspotential an der Grenzfläche zwischen innerer Füllösung und Probenlösung (Abb. 3). Dieses Spannungspotential läßt sich durch die Nernst'sche Gleichung beschreiben:

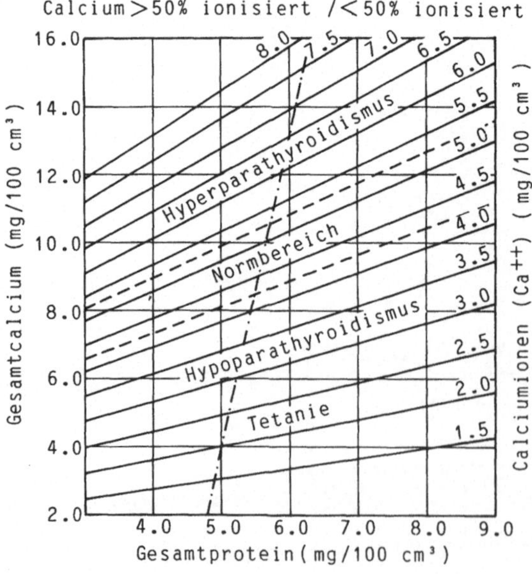

Abb. 2. Modifiziertes McLean-Hastings-Nomogramm

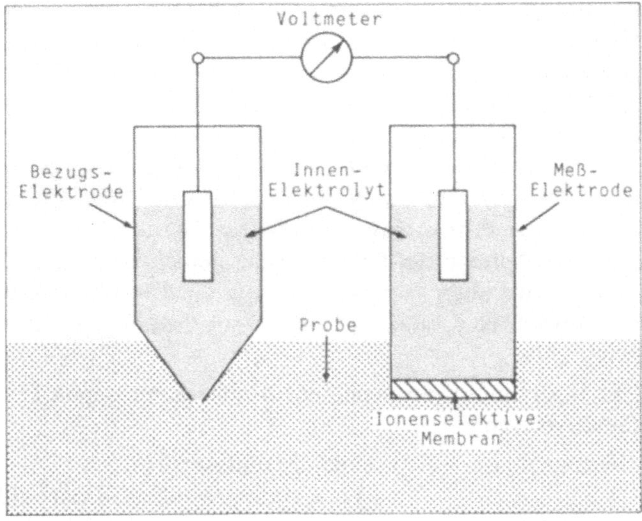

Abb. 3. Prinzipieller Aufbau einer ionenselektiven Elektrode

$$E = E_0 + \frac{R \cdot T}{n \cdot F} \cdot \ln(f c)$$

E = Spannungspotential $\qquad$ n = Ladung des Ions
E_0 = Konstantenpotential $\qquad$ F = Faraday' Konstante
R = universale Gaskonstante $\qquad$ f = Aktivitätskoeffizient
T = Temperatur $\qquad$ c = Konzentration des Ions

Aus der Nernst'schen Gleichung geht hervor, daß die ionenselektive Elektrode nicht die Konzentration, sondern die Aktivität des freien Meßions anzeigt. Dies ist insofern nicht als Nachteil anzusehen, als die durch die Aktivität ausgedrückte Wirkkonzentration wichtiger ist als die Gesamtkonzentration des ionisierten Anteils (vgl. Abb. 1) [21]. Nach allgemeiner Auffassung wird unter dem Begriff „Wirkkonzentration" der biologisch aktive Teil der freien Calciumionen verstanden. „Wirkkonzentration" und Aktivität können daher nach unserer Auffassung als Synonyma verwandt werden.

Wirkkonzentration = Aktivität = Ionale Gesamtkonzentration · Aktivitätskoeffizient

Durch Bestimmung des Spannungspotentials mißt man die Ionenaktivität und kann bei bekanntem Aktivitätskoeffizienten daraus die Wirkkonzentration berechnen, wobei die Differenz der gemessenen Potentiale zwischen Probe und Standardlösung verwendet werden muß. Es hat sich allerdings in der Literatur allgemein eingebürgert, anstelle der Aktivität (Wirkkonzentration) von 0,36 mmol/l den Wert 1,26 mmol/l anzugeben. Dieser Wert entspricht bei normaler Ionenstärke der Konzentration *aller* Calciumionen, einschließlich der elektrostatisch inaktivierten Calciumionen.

Zur Messung des ionisierten Calciums wurde das Gerät NOVA 2 (Fa. Nova Biomedical, Darmstadt) benutzt. Weitere technische Einzelheiten zu diesem Gerät sind bei Fyffe et al. [38] zu finden. Das Gerät enthält einen Analysenteil mit Probennehmer, Schlauchsystem, Pumpe und Elektroden sowie einen mikroprozessorkontrollierten elektronischen Teil. Das Meßpotential wird während des Analysenzyklus mit einem internen wäßrigen Standard verglichen. Die Berechnung der unbekannten Konzentration des ionisierten Calciums in der Probe wird mit Hilfe der Nernst'schen Gleichung von dem Gerät selbständig durchgeführt. Der gesamte Analysenzyklus dauert 75 s (Abb. 4).

Nach der Probeneingabe mißt das Gerät anstelle des Standards B die Probe (Abb. 5). Anhand der Differenz der gemessenen Potentiale von Probe und Standard A wird unter Berücksichtigung der Elektrodenkennlinie die Konzentration des ionisierten Calciums in der Probe wahlweise in mg% oder mmol/l angezeigt.

Zur Bestimmung der weiteren in vitro gemessenen Parameter wurden folgende Geräte benutzt:

Gesamtcalcium   Calciumanalyser 940
                     (Fa. Corning Medical, Fernwald)

Natrium, Kalium   Flammenphotometer IL 543
                     (Fa. Instrumentation Lab. Inc., Lexington, Mass., USA)

Gesamteiweiß   Buiret Methode

Hämoglobin   CO-Oxymeter IL 282
                     (Fa. Instrumentation Lab. Inc., Lexington, Mass., USA)

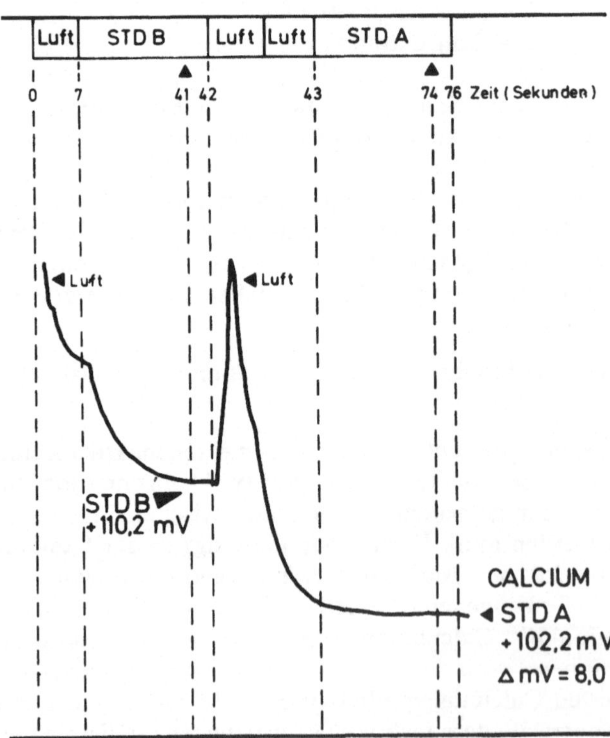

Abb. 4. Zeitlicher Ablauf des Analysenzyklus im NOVA 2 Calciumanalysen-Gerät. (Nach [37])

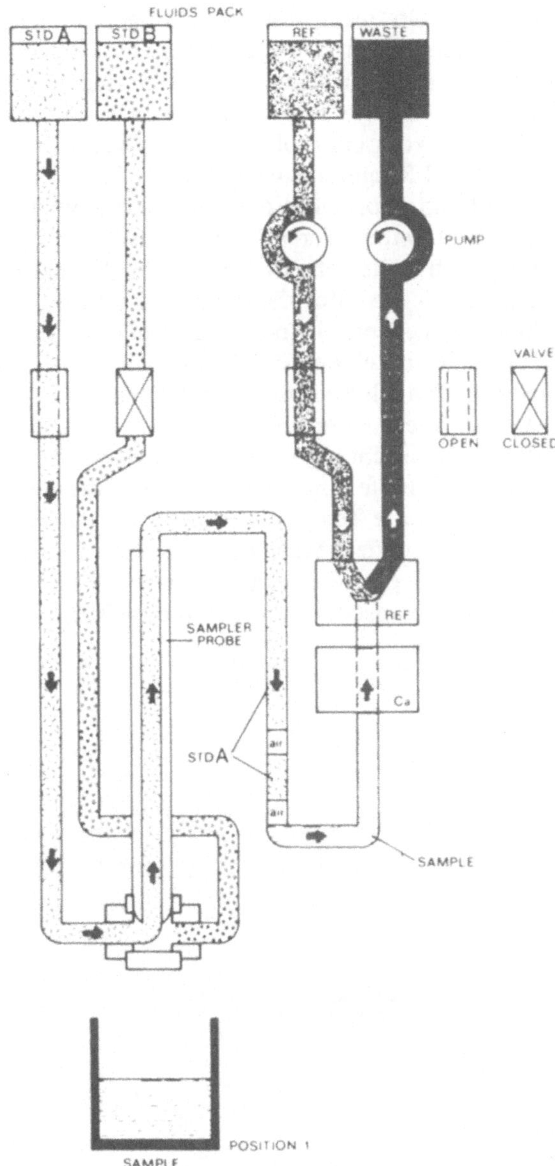

Abb. 5. Analysenablauf im NOVA 2 Calciumanalysen-Gerät. Dargestellt ist der Zeitpunkt, in dem die Probe die Elektrode erreicht hat. Der nachfolgende interne Standard A ist durch Luft von der Probenflüssigkeit getrennt (vgl. hierzu Abb. 4)

2.2 In vitro-Versuchsreihen an Blut und Blutkompartimenten im Kreislaufmodell

Entsprechend dem methodischen Ansatz für diese Versuchsreihen wurden jeweils 450 ml Vollblut, 250 ml Plasma oder 250 ml Konzentrat von gewaschenen Erythrozyten benutzt. Alle Konserven waren am selben Tage in der Blutbank der

Universität Göttingen von Spendern genommen und in heparinisierte Blutbeutel (4,5 IE Heparin/ml) gefüllt worden. Das Plasma wurde in üblicher Weise durch Zentrifugieren von zellulären Bestandteilen getrennt. Die Erstellung des Erythrozytenkonzentrates geschah unter Verwendung von physiologischer Kochsalzlösung. Vor dem Einfüllen in das Kreislaufmodell wurde das Konzentrat mit etwa 220 ml Ringerlösung aufgefüllt. Diese Erythrozytensuspension war eiweißfrei und hatte normale Elektrolyt- und Hämatokritwerte.

Für eine weitere Versuchsreihe wurde postoperativ aus der Herz-Lungen-Maschine nach Ende der extrakorporalen Zirkulation 450 ml Blut entnommen. Dieses Gemisch aus Blut des Patienten und der ursprünglichen Füllung der Maschine war gekennzeichnet durch einen um mehr als die Hälfte verringerten Eiweißgehalt und einen Hb-Wert, der im Mittel um 7 g% lag. Die Elektrolyte befanden sich auch hier im Normbereich.

Das für diese Untersuchung benutzte Kreislaufmodell ist in Abbildung 6 dargestellt. Es besteht aus einem Kreissystem von PVC-Schläuchen (Fa. Raumedic, Rehau). Mit Hilfe eines Wärmeaustauschers (Fa. Polystan, Kopenhagen) ist eine exakt steuerbare Temperaturveränderung im Kreissystem möglich. In Flußrichtung etwa 5 cm dem Wärmeaustauscher nachgeschaltet ist das in der strömenden Flüssigkeit liegende Thermometer (Fa. Yellow Springs, Yellow Springs, Ohio, USA). Daran anschließend befindet sich ein 3-Wege-Hahn, über den die Proben

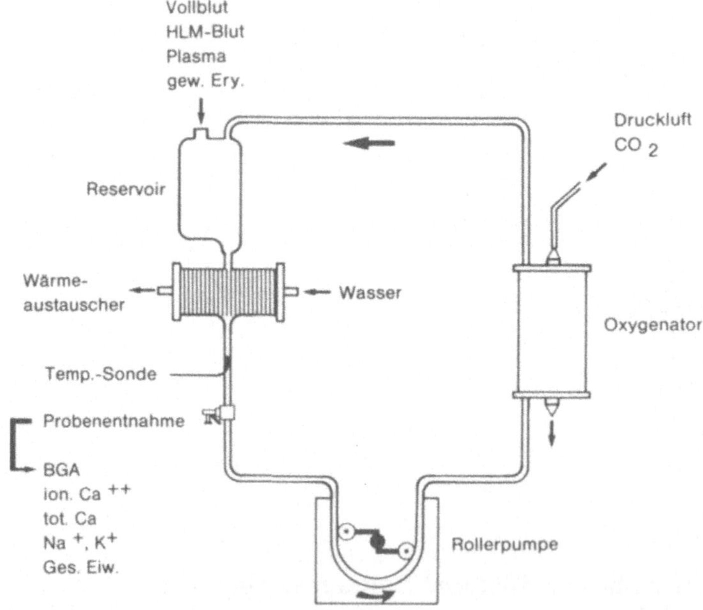

Abb. 6. Aufbau des Kreislaufmodells.
Erläuterungen der Abkürzungen: *HLM-Blut* = Gemisch aus Blut und Primärfüllung der Herz-Lungen-Maschine; *gew. Ery.* = Erythrozytenkonzentrat, mit Ringerlösung supendiert; *BGA* = Blutgasanalyse; *ion. Ca++* = ionisiertes Calcium; *tot. Ca* = gesamtes Calcium; *Na+, K+* = Natrium, Kalium; *Ges. Eiw.* = Gesamteiweiß

(jeweils 2 ml) anaerob entnommen werden können. Die Rollerpumpe (Fa. Stök-ker, München) sorgt für einen gleichmäßigen Fluß von 1,2 l/min. Auf diese Weise ist eine homogene Temperatur der im Schlauchsystem umlaufenden Flüs-sigkeit gewährleistet. In Strömungsrichtung nach der Rollerpumpe folgt der Oxygenator (Kolobow-Membranoxygenator, 0,8 m^2 Membranfläche, Fa. SCI-Med, Minneapolis, MN, USA). Über diesen Oxygenator wird ein Gemisch aus Druckluft und CO_2 zugeführt. Bei den Versuchsreihen, die unter Luftabschluß durchgeführt werden, ist der Oxygenator aus dem Kreissystem herausgenom-men. Von dem Oxygenator aus gelangt die Flüssigkeit über ein Reservoir wieder zum Wärmeaustauscher. Tabelle 2 erläutert den Ablauf einer Untersuchungs-reihe.

Nach Eingabe der jeweiligen Flüssigkeit (Vollblut, Plasma, Gemisch aus Patien-tenblut und HLM-Primärfüllung, Erythrozytensuspension) in das Kreislaufmo-dell wurden bei 37 °C physiologische arterielle Blutgaswerte durch die Variation des CO_2-Partialdruckes im Oxygenator und/oder Gabe von Natriumbikarbonat eingestellt. Bei den Versuchsreihen unter Luftabschluß war der Oxygenator aus dem System ausgeschaltet. Nach Ermittlung der Ausgangswerte bei 37 °C wurde die Temperatur kontinuierlich innerhalb von 120 min bis auf 21 °C abgesenkt. Die Meßpunkte lagen in jeweils 2 °C Temperaturabständen entsprechend einem 15minütigen Zeitabstand. Der Abkühlungsphase schloß sich eine Wiedererwär-mungsphase von 60 min an. Nach Wiedererreichen von 37 °C wurde, allerdings nicht in allen Versuchsreihen, ein weiterer Meßpunkt durchgeführt. Die dem Kreissystem entnommenen Proben wurden direkt ohne Zeitverzug und Tempe-raturveränderung in den entsprechenden Geräten analysiert. Mit Hilfe dieses Kreislaufmodells wurden die im folgenden beschriebenen Versuchsreihen durchgeführt.

Bei den in vitro-Versuchsreihen wurden von allen Meßgrößen die Mittelwerte ($\bar{x}$) und die mittleren Standardfehler ($s\bar{x}$) berechnet. Weil die Meßwerte zu den einzelnen Meßpunkten voneinander unabhängig sind und wegen der relativ kleinen Stichprobenumfänge wurde zum Vergleich der Mittelwerte die „Stu-

Tabelle 2

Minuten	Temperatur	Parameter
		Blutgasanalyse, ion. Ca, Ges. Ca, Na, K, Ges. Eiw.
0	37 °C	Blutgasanalyse, ion. Ca, Ges. Ca,
15	35 °C	Blutgasanalyse, ion. Ca, Ges. Ca,
30	33 °C	Blutgasanalyse, ion. Ca, Ges. Ca,
45	31 °C	Blutgasanalyse, ion. Ca, Ges. Ca,
60	29 °C	Blutgasanalyse, ion. Ca, Ges. Ca, Na, K, Ges. Eiw.
75	27 °C	Blutgasanalyse, ion. Ca, Ges. Ca,
90	25 °C	Blutgasanalyse, ion. Ca, Ges. Ca,
105	23 °C	Blutgasanalyse, ion. Ca, Ges. Ca,
120	21 °C	Blutgasanalyse, ion. Ca, Ges. Ca, Na, K, Ges. Eiw.
180	37 °C	Blutgasanalyse, ion. Ca, Ges. Ca, Na, K, Ges. Eiw.

dent"-Verteilung benutzt. Dabei wurden folgende Signifikanzschranken angegeben:

*   = signifikant auf 5%-Niveau
**   = signifikant auf 1%-Niveau
***   = signifikant auf 0,1%-Niveau

2.2.1 Abkühlung von 37°C auf 21°C bei konstantem pCO_2 im Oxygenator (offenes System)

Unter diesen Bedingungen, also im offenen System, wurden in jeweils 7 Versuchen Vollblut, Plasma und Erythrozytensuspension untersucht. Mit dem Gemisch aus Patientenblut und Primärfüllung der Herz-Lungen-Maschine nach Ende der extrakorporalen Zirkulation wurden insgesamt 8 Versuche vorgenommen. Der Ablauf aller Versuche geschah wie in Abschnitt 2.2 dargestellt.

2.2.2 Abkühlung von 37°C auf 21°C bei konstantem CO_2-Gehalt unter Luftabschluß (geschlossenes System)

In diesem geschlossenen System wurden 8 Versuchsreihen mit Vollblut und je 7 mit Plasma und Erythrozytensupsension vorgenommen. Abweichend von dem in Abschnitt 2.2 geschilderten Versuchsablauf blieben die anfangs bei 37 °C in der jeweiligen Flüssigkeit eingestellten Blutgaswerte unverändert. Die Abkühlung und Wiedererwärmung geschah unter Luftabschluß. Der Membranoxygenator war aus dem Kreissystem herausgenommen.

2.2.3 Veränderungen des pH-Wertes durch erhöhte fraktionelle CO_2-Konzentration im Gasgemisch (offenes System)

Gleichfalls im offenen System wurden hier 6 Versuchsreihen mit Vollblut, 9 mit dem Gemisch aus Patientenblut und Primärfüllung der Herz-Lungen-Maschine und jeweils 7 mit Plasma sowie Erythrozytensuspension durchgeführt. Bei konstanter Temperatur (37 °C) kam hier jedoch die pH-Erniedrigung durch stufenweise erhöhte fraktionelle CO_2-Konzentration im Gasgemisch zustande.

Die den Kapiteln 2.2.1–2.2.3 zugrunde liegenden Randbedingungen sind in Tabelle 3 zusammengefaßt.

2.3 Klinische Untersuchungen an Patienten während der extrakorporalen Zirkulation bei Operationen am offenen Herzen

Um den Stellenwert der experimentellen Versuche am Vollblut und dessen Kompartimenten für den weitaus komplexeren Gesamtorganismus zu ermitteln, wurden die temperaturabhängigen Veränderungen der Konzentration des ionisierten

Tabelle 3

x̄	Gesamt-Eiweiß [g/100 ml Plasma]	[g/100 ml Blut]	Hb [g/dl]	Ht [%]	
VB	5,1	3,1	13,4	40	
PI	6,0	–	–	–	zu Kap. 2.2.1
HLM	3,9	3,0	7,8	24	
Ery	–	–	11,9	39	
VB	5,6	3,2	13,0	42	
PI	6,8	–	–	–	zu Kap. 2.2.2
Ery	–	–	13,2	38	
VB	5,0	3,0	12,8	41	
PI	6,2	–	–	–	zu Kap. 2.2.3
HLM	3,8	2,8	7,4	25	
Ery	–	–	10,7	27	

Calciums intraoperativ bei insgesamt 9 Kindern mit angeborenen Herzfehlern untersucht. Tabelle 4 gibt einen Überblick über Alter, Gewicht und Diagnose der Patienten sowie über die Primärfüllung der Herz-Lungen-Maschine.

Zu den während der extrakorporalen Zirkulation klinisch notwendigen Laborparameter (Blutgasanalyse, Natrium, Kalium, Hb, Ht, Hämolyse, Perfusionsdaten, Urinproduktion, Gerinnungsstatus) wurde ergänzend ionisiertes und Ge-

Tabelle 4. Patienten-Daten der klinischen Untersuchung

Pat. Nr.	Alter	Gewicht [kg]	Diagnose	Perf.-Zeit [min]	Primärfüllung der HLM [ml]			
					hep. VB	Ri-Lac	Bi 8,4%	Glu 5%
1	3 J.	13,2	Fallot-Tetralogie	102	1000	–	30	250
2	2 J.	9,2	TGA+VSD	164	1000			
3	4 J.	19,2	Fallot-Tetralogie	106	1000	750	–	–
4	9 J.	21,0	TGA+VSD	149	1000		–	500
5	6 J.	20,4	M. Ebstein	124	1000	500	60	500
6	6 Mon.	6,7	TGA+PDA	84	1000	500	40	–
7	2 J.	11,7	ASD+valv. Pulmo.-Stenose	46	1500	250	30	–
8	9 Mon.	6,4	TGA	86	750	500	20	–
9	3 J.	11,0	AV-Kanal	66	1000	500	–	–

Perf.-Zeit = Dauer der extrakorporalen Zirkulation, *HLM* = Herz-Lungen-Maschine, *hep. VB* = heparinisiertes Vollblut, *Ri-Lac* = Ringer-Lactat, *Bi 8,4%* = Natriumbikarbonat 8,4%, *Glu 5%* = Glukose 5%, *TGA* = Transposition der großen Gefäße, *VSD* = Ventrikelseptumdefekt, *PDA* = persistierender Ductus Botalli, *ASD* = Vorhofseptumdefekt, *AV-Kanal* = arterioventrikulärer Kanal, *valv. Pulmo.-Sten.* = valvuläre Pulmonalstenose

samtcalcium gemessen. Außerdem wurden venöse Blut-, Rektal- und Ösopha-
gustemperatur der Patienten fortlaufend registriert.

Die Primärfüllung der Herz-Lungen-Maschine bestand aus einer mengenmä-
ßig dem jeweiligen Körpergewicht angepaßten Mischung von heparinisiertem
Vollblut und Ringer-Lactat sowie etwa 40 ml Natriumbikarbonat 8,4%. Ge-
nauere Daten sind der Tabelle 4 zu entnehmen.

Vor Beginn der extrakorporalen Zirkulation und damit der Hämodilution
wurden die Werte aus der Primärfüllung der Herz-Lungen-Maschine und aus
dem Patientenblut ermittelt. Nach Beginn der extrakorporalen Zirkulation wurden die Patienten innerhalb weniger Minuten auf eine venöse Bluttemperatur im
Bereich von 18–21 °C abgekühlt. Mit Hilfe der kardioplegischen Lösung nach
Bretschneider wurde ein Herzstillstand induziert. Danach erfolgten in 15minüti-
gen Abständen Blutentnahmen zur Ermittlung der o.g. Laborparameter.

Kurz vor Beginn der Wiedererwärmung wurden bei konstanter tiefster venöser
Bluttemperatur noch einmal alle Laborparameter gemessen. Während der Wiedererwärmung mit Hilfe der extrakorporalen Zirkulation wurden dann in 2 °C-
Bluttemperaturabständen Messungen vorgenommen. Der zeitliche Abstand dieser Meßpunkte war zunächst sehr kurz, etwa 1 min. Später, im Bereich um 34 °C,
verlängerte er sich auf etwa 5–10 min. Ein Einzelbeispiel ist in Abbildung 22
dargestellt.

3 Ergebnisse

Um die Darstellung der Ergebnisse übersichtlich zu gestalten, sind an dieser Stelle nur die jeweiligen Mittelwerte der in vitro-Versuchsreihen aufgeführt.

Die Maßstäbe der Mittelwertdarstellungen sind einheitlich gehalten, so daß direkte visuelle Vergleichbarkeit über Ausmaß und Richtung der Veränderungen unter den verschiedenen Versuchsbedingungen gegeben ist. Um die in den Einzeluntersuchungen notwendigen großen Bereiche darzustellen, ist bei den Parametern „pCO_2" und „ionisiertes Calcium" eine logarithmierte Skalierung angewendet worden.

3.1 Abkühlung von 37 °C auf 21 °C bei konstantem pCO_2 im Oxygenator (offenes System)

In dieser Versuchsreihe stellt das Kreislaufmodell ein offenes System dar und entspricht damit der Phase der Abkühlung während der extrakorporalen Zirkulation. Abbildung 7 zeigt die Veränderungen der Konzentration des ionisierten Calciums in Abhängigkeit von der Temperaturerniedrigung bei konstantem pCO_2 von 40 Torr über die Dauer der Abkühlung. Die Parameter pCO_2 und pH sind bei 37 °C gemessen und nicht temperaturkorrigiert. Da bei sinkender Temperatur die Löslichkeit von CO_2 im Blut zunimmt, steigt bei konstantem pCO_2 in der Phase der Abkühlung der CO_2-Gehalt. Wird solches Blut bei 37 °C gemessen, so findet sich ein gegenüber Normothermie erhöhter pCO_2. Die Konzentration des ionisierten Calciums ist ebenfalls erhöht (Abb. 7).

Im Vollblut sowie im Gemisch aus der Primärfüllung der Herz-Lungen-Maschine und dem Blut des Patienten steigt die Konzentration des ionisierten Calciums um 0,092 mmol/l bzw. 0,093 mmol/l je mmHg pCO_2 an. Im Plasma nimmt in Abhängigkeit vom pCO_2 die Konzentration des ionisierten Calciums einen wesentlichen steileren Anstieg (0,245 mmol/l), in der Erythrozythensuspension sind es lediglich 0,044 mmol/l.

Setzt man den pH-Wert und die Konzentration des ionisierten Calciums in Relation zueinander (Abb. 8), so ergibt sich ein ähnliches Bild wie für die Beziehung zwischen pCO_2-Erhöhung und der Konzentration des ionisierten Calciums. Auch hier ist die Abhängigkeit im Plasma am größten, in der Erythrozytensuspension am geringsten.

Die letztendlich interessierende Relation zwischen der Temperaturerniedrigung und der Konzentration des ionisierten Calciums ergibt folgendes Bild (Abb. 9): Pro Grad Temperatursenkung steigt die Konzentration des ionisierten Calciums im Vollblut und im Gemisch aus Blut und Primärfüllung der Herz-Lungen-Maschine jeweils um etwa 0,002 mmol/l an. Im Plasma ist der Anstieg

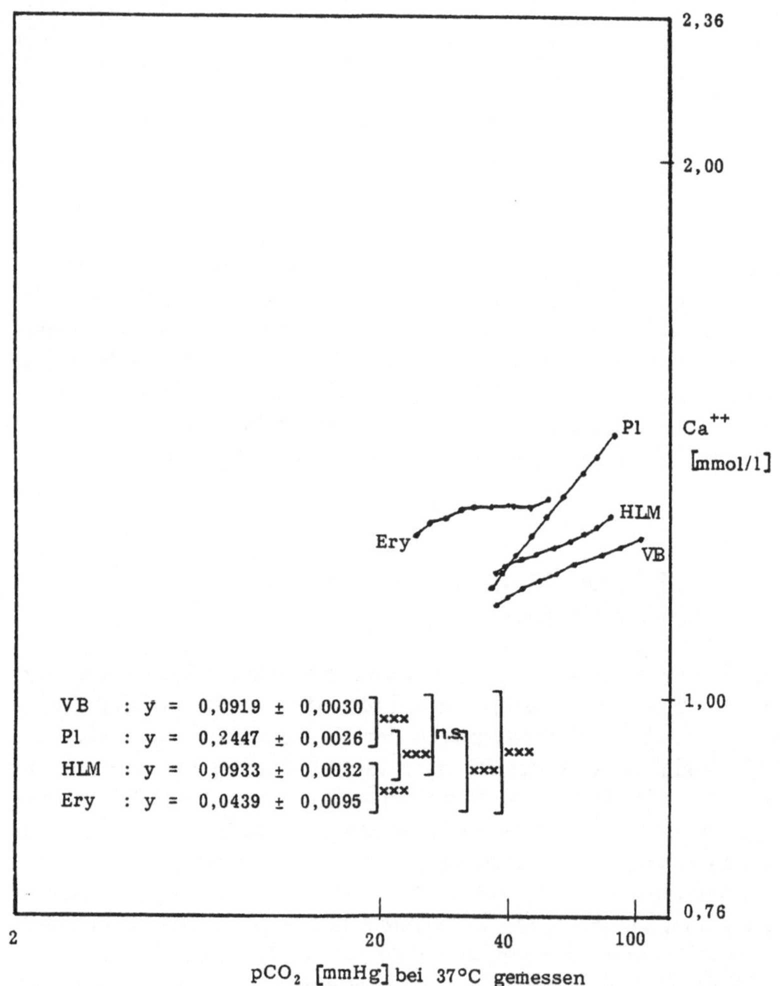

Abb. 7. Abkühlung von 37 °C auf 21 °C im offenen System. Beziehung zwischen pCO$_2$ (logarithmisch skaliert) und ionisiertem Calcium (logarithmisch skaliert). Darstellung der *Mittelwerte* der Versuchsreihen. *VB* = Vollblut; *Pl* = Plasma; *HLM* = Gemisch aus Blut und Primärfüllung der HLM; *Ery* = Erythrozytensuspension

der Konzentration des ionisierten Calciums größer, in der Erythrozytensuspension geringer ausgeprägt (0,005 bzw. 0,001 mmol/l).

Der prozentuale Anteil des ionisierten Calciums am Gesamtcalcium verhält sich in den 4 untersuchten Flüssigkeiten ähnlich (dargestellt sind die jeweiligen Mittelwerte), (Tabelle 5).

In welchem Ausmaß eine Temperaturerniedrigung zur pH-Wert-Veränderung führt, ist in Abbildung 10 aufgezeigt. Im „offenen" System (pCO$_2$ während der Abkühlung auf 21 °C mit 40 Torr konstant) führt Temperaturerniedrigung bei einer Meßtemperatur von 37 °C zu einem pH-Abfall. Dieser Wert ist für Voll-

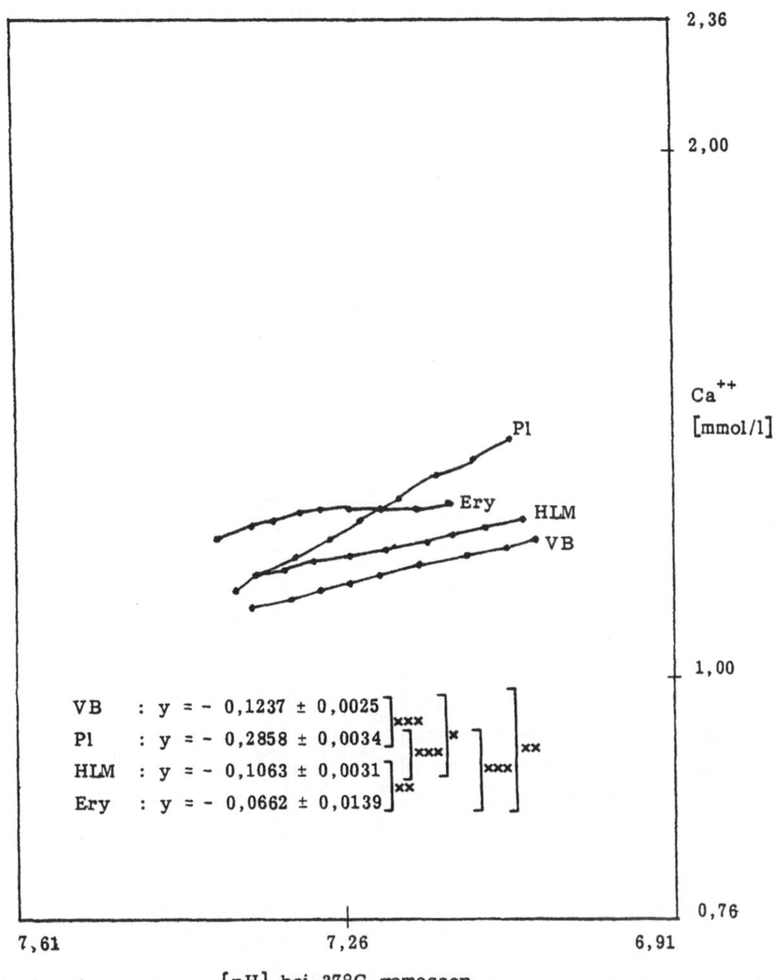

Abb. 8. Abkühlung von 37 °C auf 21 °C im offenen System. Beziehung zwischen pH und ionisiertem Calcium (logarithmisch skaliert). Darstellung der *Mittelwerte* der Versuchsreihen. (Abkürzungen wie in Abb. 7)

blut, Blutgemisch aus Primärfüllung der Herz-Lungen-Maschine und Patientenblut sowie die Erythrozytensuspension nahezu gleich.

Erklärbar durch die bei 37 °C gemessene Zunahme des CO$_2$-Partialdruckes ist die Erhöhung der H$^+$-Ionenkonzentration (d.h. ein Abfall des pH-Wertes) in ebenfalls allen 4 untersuchten Flüssigkeiten (Abb. 11). Auch hier ist zwischen den einzelnen Flüssigkeiten kaum ein signifikanter Unterschied nachweisbar.

Die erhebliche Zunahme des bei 37 °C gemessenen CO$_2$-Partialdruckes in allen 4 Flüssigkeiten bei Abkühlung von 37 °C auf 21 °C im offenen System zeigt Abbildung 12. Zwischen den einzelnen Zunahmen des CO$_2$-Partialdruckes in den 4 verschiedenen Flüssigkeiten ist kein wesentlicher Unterschied vorhanden.

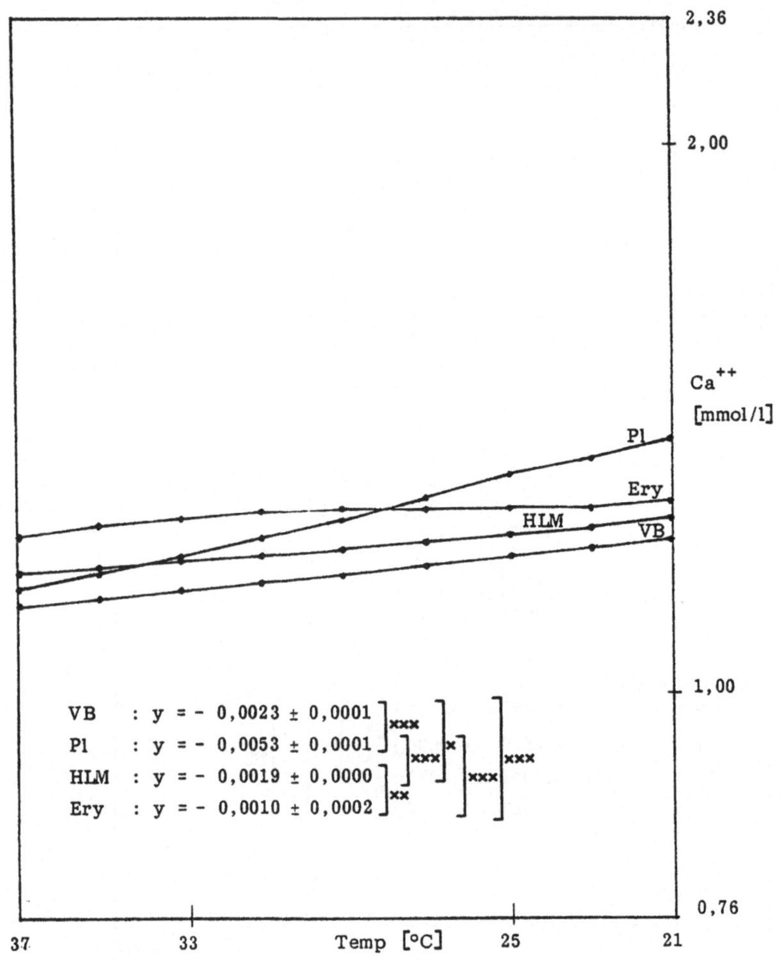

Abb. 9. Abkühlung von 37 °C auf 21 °C im offenen System. Beziehung zwischen Temperatur und ionisiertem Calcium (logarithmisch skaliert). Darstellung der *Mittelwerte* der Versuchsreihen. (Abkürzungen wie in Abb. 7)

Tabelle 5. %-Anteil des ionisierten Calciums am Gesamtcalcium

	37 °C	21 °C	Δ%
Vollblut	55,3	58,3	+3,0
Plasma	52,6	60,4	+7,8
HLM-Blut	56,8	59,5	+2,7
Ery-Susp.	47,6	49,6	+2,0

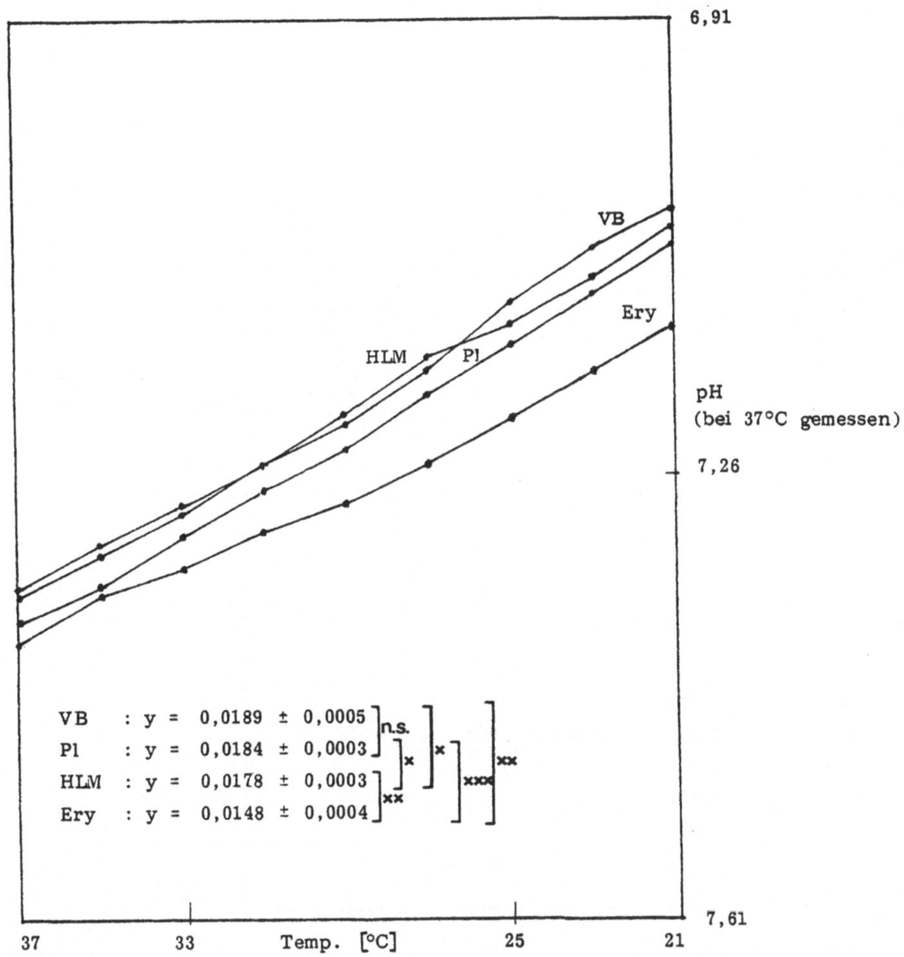

Abb. 10. Abkühlung von 37 °C auf 21 °C im offenen System. Beziehung zwischen Temperatur und pH. Darstellung der *Mittelwerte* der Versuchsreihen. (Abkürzungen wie in Abb. 7)

3.2 Abkühlung von 37 °C auf 21 °C bei konstantem CO_2-Gehalt unter Luftabschluß (geschlossenes System)

Der Aufbau dieser Versuchsreihe unterscheidet sich von dem in Kapitel 3.1 dargestellten in einem wesentlichen Punkt: Die Abkühlung der Flüssigkeiten geschieht unter Luftabschluß. Das Kreislaufmodell wird deshalb als geschlossenes System bezeichnet. Aus diesem Grund ergeben sich im Vergleich zu den in Kapitel 3.1 dargestellten Ergebnissen wesentliche Unterschiede. In dieser Versuchsreihe sind Vollblut, Plasma und Erythrozytensuspension untersucht worden.

Die Abbildungen 13–15 zeigen, daß die Veränderungen der Konzentration des ionisierten Calciums unter diesen Bedingungen sehr klein ausfallen. Auch findet sich keine Abhängigkeit der Konzentration des ionisierten Calciums vom pCO_2

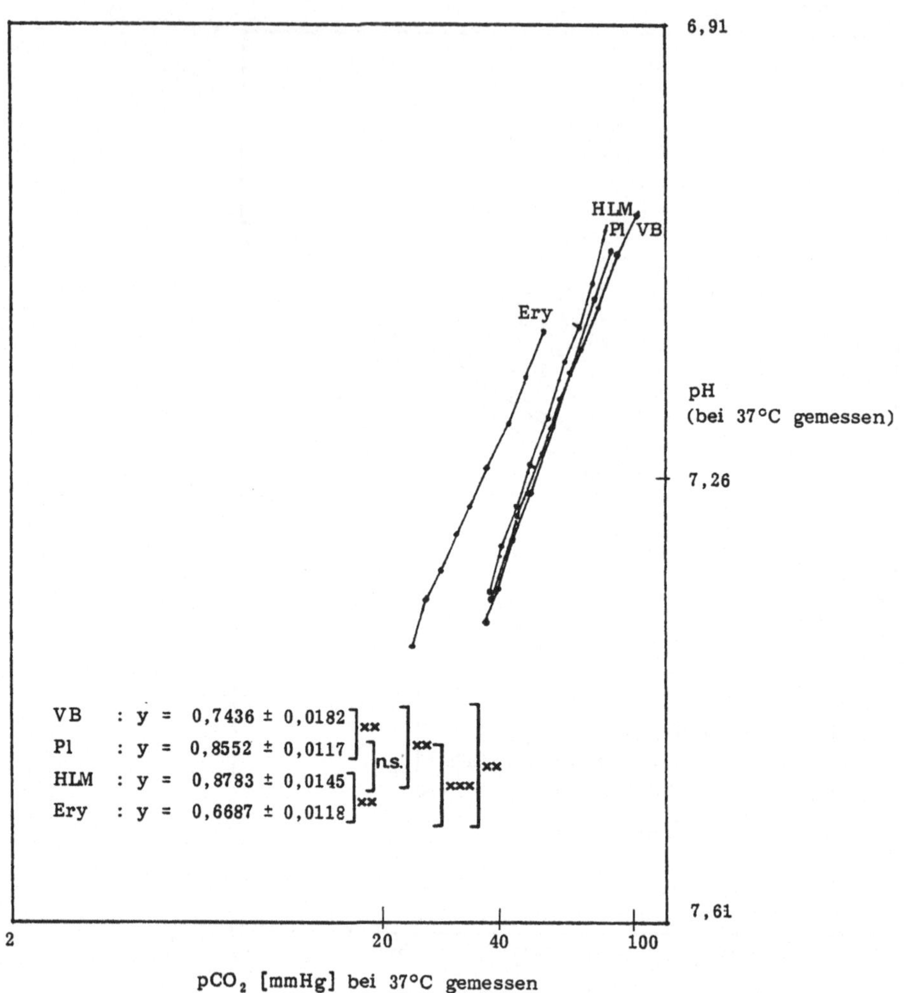

Abb. 11. Abkühlung von 37 °C auf 21 °C im offenen System. Beziehung zwischen pCO_2 (logarithmisch skaliert) und pH. Darstellung der *Mittelwerte* der Versuchsreihen. (Abkürzungen wie in Abb. 7)

(Abb. 13) und dem pH-Wert (Abb. 14) in den untersuchten Proben. Die gleiche Feststellung gilt auch für die in Abbildung 15 dargestellte Beziehung zwischen Temperatur und der Konzentration des ionisierten Calciums. Eine Temperaturveränderung im geschlossenen System führt nicht zu signifikanten Verschiebungen der Konzentration des ionisierten Calciums. Dies trifft sowohl für Vollblut als auch für die Kompartimente Plasma und Erythrozytensuspension zu. Auch der Quotient ion.Ca/Ges.Ca bleibt praktisch unverändert.

Aus der Relation zwischen Temperaturerniedrigung und pH-Wert-Veränderung ergibt sich ein geringer und in allen 3 Flüssigkeiten unterschiedlich starker

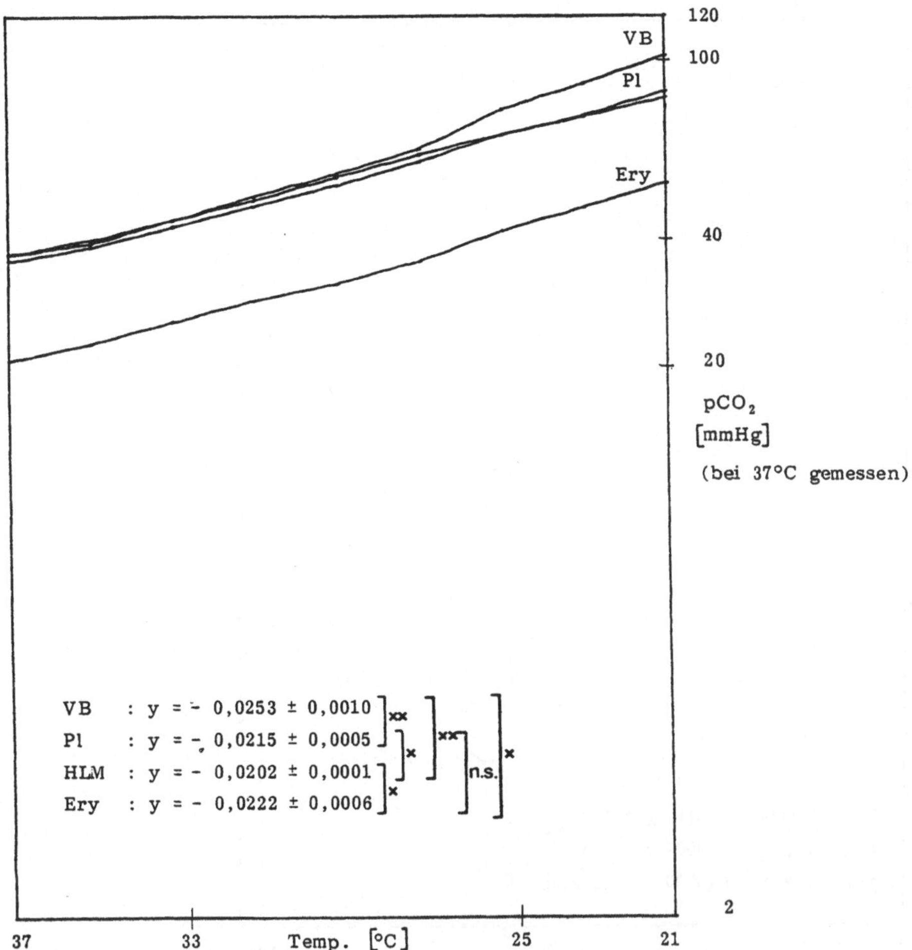

Abb. 12. Abkühlung von 37 °C auf 21 °C im offenen System. Beziehung zwischen Temperatur und pCO_2 (logarithmisch skaliert). Darstellung der *Mittelwerte* der Versuchsreihen. (Abkürzungen wie in Abb. 7)

Abfall des pH-Wertes (Abb. 16). Dieser Abfall ist in Vollblut und Erythrozytensuspension größer als im Plasma.

Obwohl bei der Abkühlung im geschlossenen System der CO_2-Partialdruck abnimmt, kommt es dennoch zu einer geringfügigen Abnahme des pH-Wertes. Für Vollblut und Erythrozytensuspension ergeben sich ähnliche Werte (Abb. 17).

Unter Luftabschluß führt die Temperaturerniedrigung bei allen 3 Flüssigkeiten zu einem deutlichen, wenn auch unterschiedlich starken Abfall des bei 37 °C gemessenen CO_2-Partialdruckes. Das Ausmaß dieses Absinkens ist in der Erythrozytensuspension am geringsten (Abb. 18).

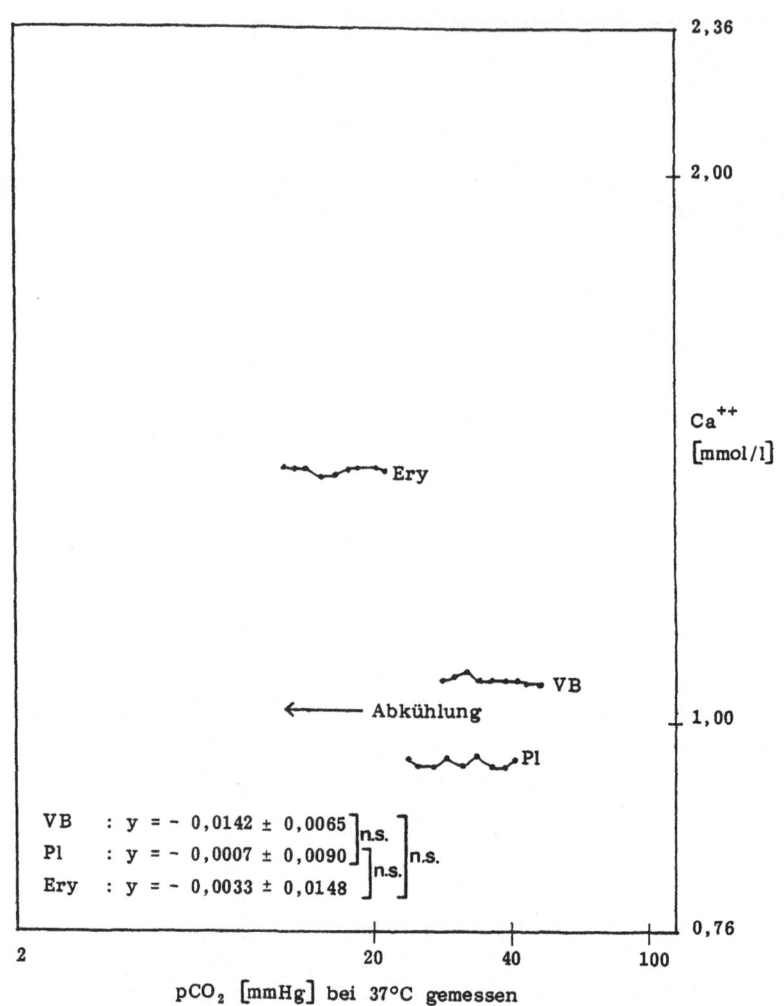

Abb. 13. Abkühlung von 37 °C auf 21 °C unter Luftabschluß. Beziehung zwischen pCO$_2$ und ionisiertem Calcium (beide logarithmisch skaliert). Darstellung der *Mittelwerte* der Versuchsreihen. (Abkürzungen wie in Abb. 7)

3.3 Veränderungen des pH-Wertes durch erhöhte fraktionelle CO$_2$-Konzentration im Gasgemisch (offenes System)

Diese Versuchsreihe stellt ein offenes System dar, in dem die Temperatur der zirkulierenden Flüssigkeiten bei 37 °C konstant gehalten worden ist. Durch eine stufenweise gesteigerte fraktionelle CO$_2$-Konzentration ist lediglich der CO$_2$-Partialdruck erhöht worden. Demzufolge liegt hier eine zunehmende respiratorische Azidose in Normothermie vor.

Die Relation zwischen dem primär erhöhten CO$_2$-Partialdruck und dem Anstieg der Konzentration des ionisierten Calciums zeigt Abbildung 19. Ähnlich

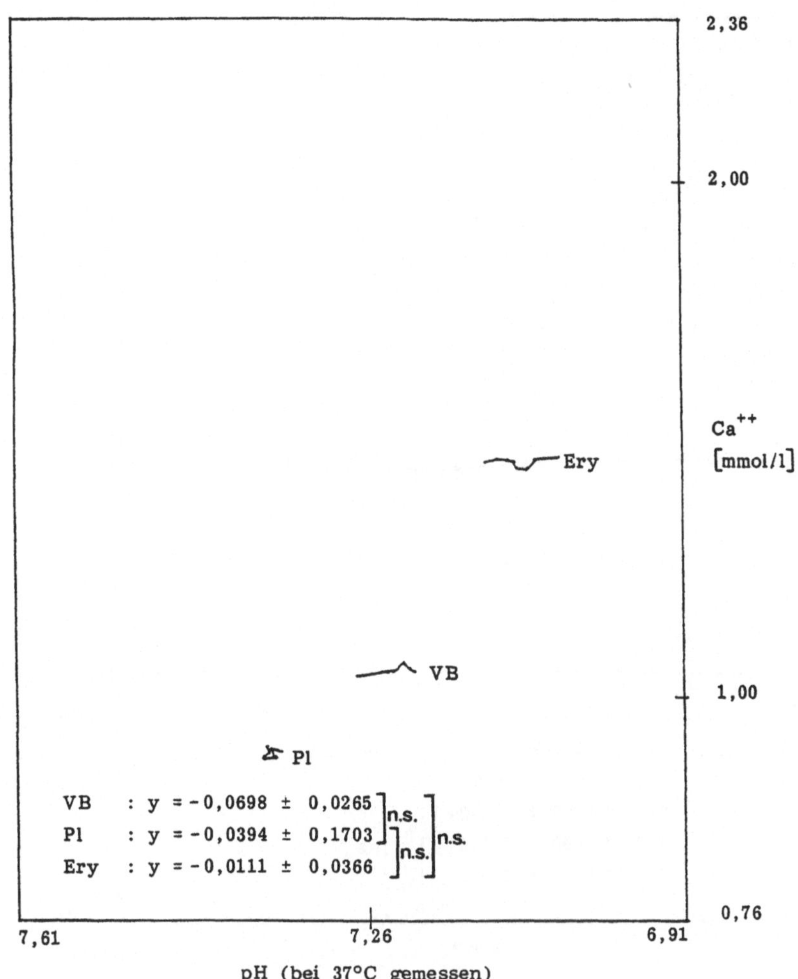

Abb. 14. Abkühlung von 37 °C auf 21 °C unter Luftabschluß. Beziehung zwischen pH und ionisiertem Calcium (logarithmisch skaliert). Darstellung der *Mittelwerte* der Versuchsreihen. (Abkürzungen wie in Abb. 7)

wie in der Versuchsreihe Hypothermie im offenen System (Kap. 3.1) ist auch hier der steilste Anstieg der Konzentration des ionisierten Calciums in Abhänigkeit vom pCO₂ im Plasma zu finden. Der geringste Anstieg liegt wiederum in der Erythrozytensuspension vor. Vollblut und das Gemisch aus Blut und Primärfüllung der Herz-Lungen-Maschine verhalten sich in der Konzentrationsänderung des ionisierten Calciums nahezu identisch. Bezieht man den gemessenen Anstieg der Konzentration des ionisierten Calciums auf den pH-Abfall, so ergibt sich das in Abbildung 20 dargestellte Bild. Auch hier liegt der Anstieg der Konzentration des ionisierten Calciums im Vollblut und Gemisch aus Blut und Primär-

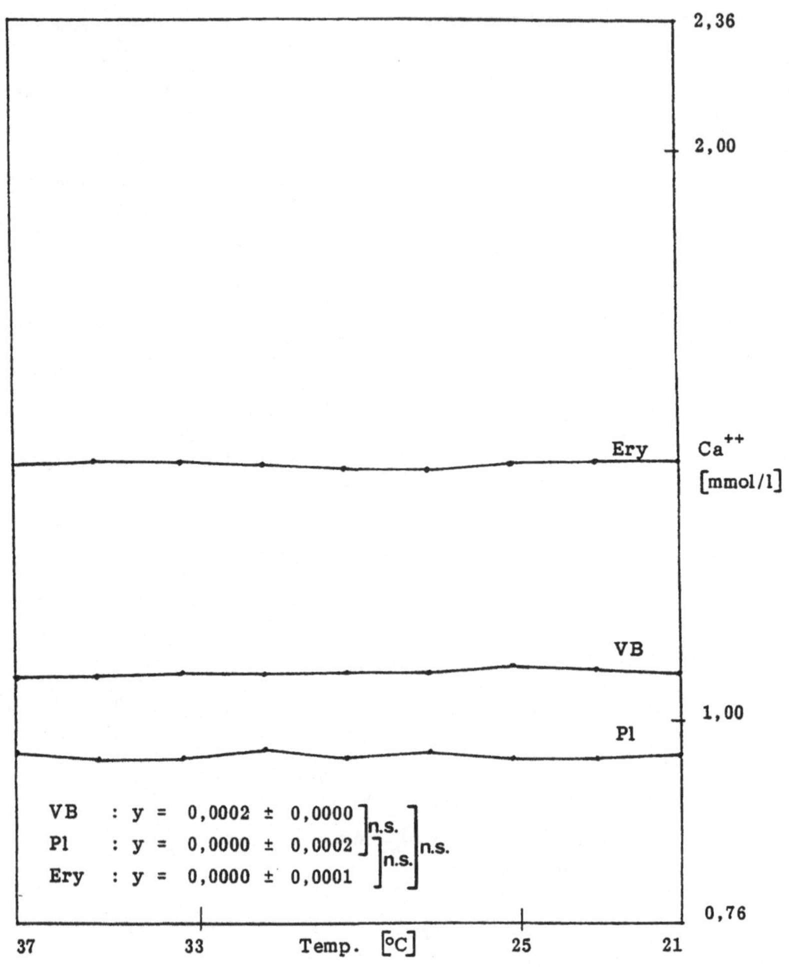

Abb. 15. Abkühlung von 37 °C auf 21 °C unter Luftabschluß. Beziehung zwischen Temperatur und ionisiertem Calcium (logarithmisch skaliert). Darstellung der *Mittelwerte* der Versuchsreihen. (Abkürzungen wie in Abb. 7)

füllung der Herz-Lungen-Maschine im mittleren Bereich zwischen dem steilen Anstieg im Plasma und dem flachen Anstieg in der Erythrozytensuspension.

Der prozentuale Anteil des ionisierten Calciums am Gesamtcalcium verändert sich in den 4 Flüssigkeiten in ähnlichem Ausmaß wie bei Abkühlung im offenen System (vgl. Kap. 3.1). Im einzelnen ergeben sich folgende Werte (dargestellt sind die jeweiligen Mittelwerte), (Tabelle 6).

Auch hier ist der zunehmende CO_2-Partialdruck mit einem pH-Abfall verbunden. Dieser ist für die 4 untersuchten Flüssigkeiten nicht immer signifikant unterschiedlich. Der Anstieg des CO_2-Partialdruckes in den Proben ist zurückzuführen auf die erhöhte fraktionelle CO_2-Konzentration im Gasgemisch. Hierbei liegen die Ausgangs- und Endwerte des CO_2-Partialdruckes in etwa den Berei-

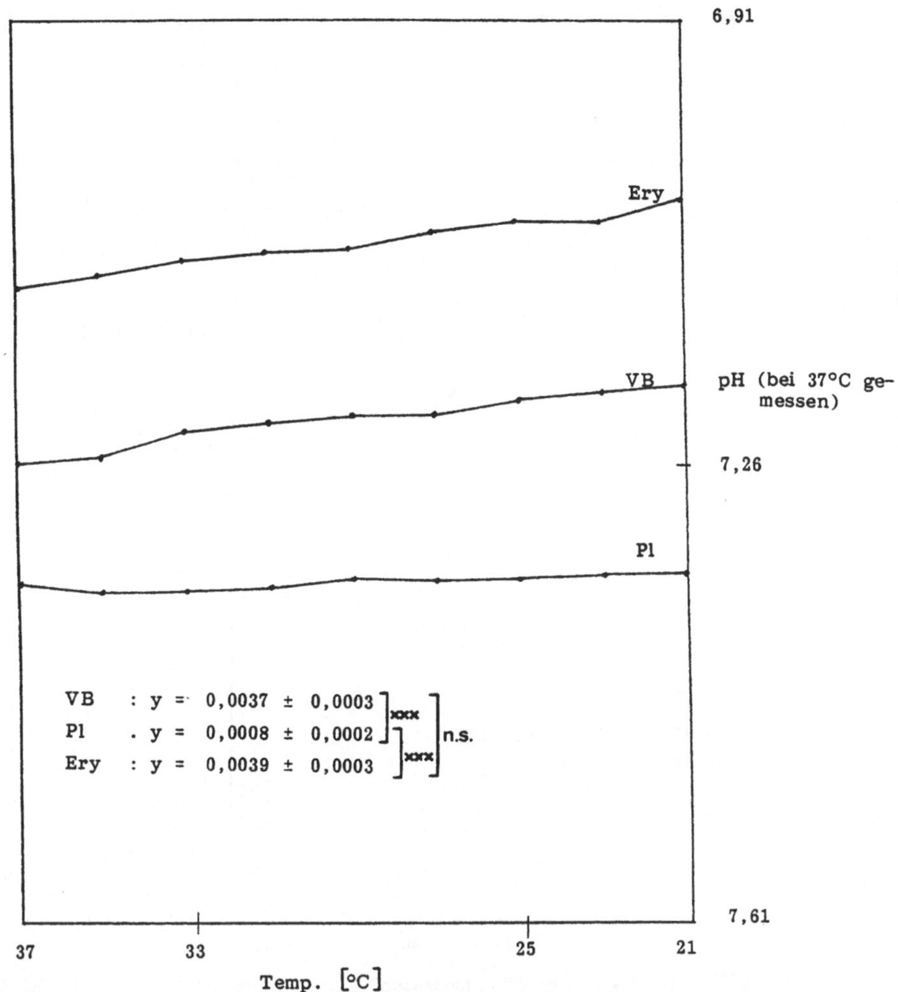

Abb. 16. Abkühlung von 37 °C auf 21 °C unter Luftabschluß. Beziehung zwischen Temperatur und pH. Darstellung der *Mittelwerte* der Versuchsreihen. (Abkürzungen wie in Abb. 7)

chen, wie sie auch bei Hypothermie im offenen System erreicht werden. Auch hier ist zwischen den einzelnen Anstiegen des CO_2-Partialdruckes in den 4 untersuchten Flüssigkeiten nicht immer ein signifikanter Unterschied feststellbar (Abb. 21).

3.4 Klinische Untersuchungen an Patienten während der extrakorporalen Zirkulation bei Operationen am offenen Herzen

In der Klinik lassen sich die Interaktionen zwischen Temperatur, pH-Wert und Konzentration des ionisierten Calciums am besten während der hypothermen

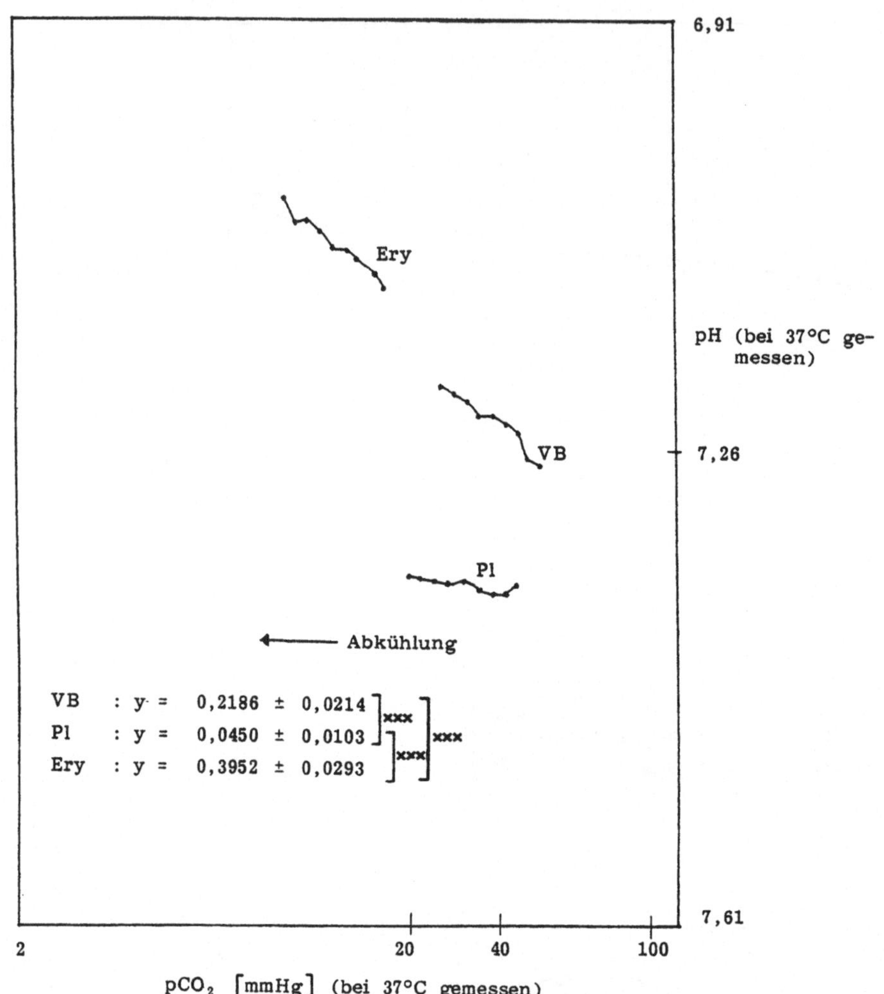

Abb. 17. Abkühlung von 37 °C auf 21 °C unter Luftabschluß. Beziehung zwischen pCO_2 (logarithmisch skaliert) und pH. Darstellung der *Mittelwerte* der Versuchsreihen. (Abkürzungen wie in Abb. 7)

extrakorporalen Zirkulation (EKZ) bei Operationen am offenen Herzen untersuchen. Die Veränderungen der in dieser Untersuchungsreihe bei 9 Kindern gemessenen Parameter bestätigen die Ergebnisse der in vitro-Versuchsreihen.

Exemplarisch sind die Befunde einer klinischen Untersuchung in Abbildung 22 zusammengestellt. Hier sind von einem Patienten in zeitlicher Zuordnung die Werte für Rektal- und venöse Bluttemperatur sowie die Konzentration des ionisierten und des Gesamtcalciums aufgetragen. Die am oberen Bildrand dargestellten Zahlenwerte für die Konzentration des Gesamtcalciums verändern sich in dem Zeitraum von 1 h nach Beginn der Wiedererwärmung nicht eindeutig. Dahingegen fällt bei Beginn der Wiedererwärmung die Konzentration des ionisierten Calciums analog zum Anstieg des pH-Wertes ab.

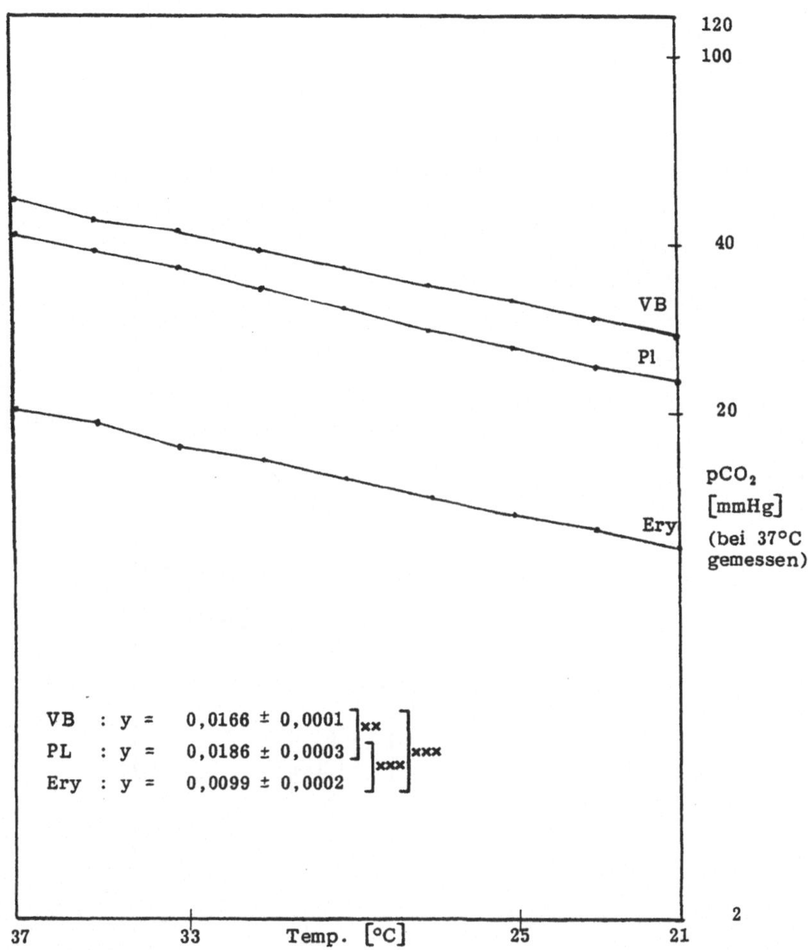

Abb. 18. Abkühlung von 37 °C auf 21 °C unter Luftabschluß. Beziehung zwischen Temperatur und pCO$_2$ (logarithmisch skaliert). Darstellung der *Mittelwerte* der Versuchsreihen. (Abkürzungen wie in Abb. 7)

In der Phase der Wiedererwärmung zeigt sich zunächst deutlich, daß die Anstiege von rektaler und venöser Bluttemperatur keineswegs gleich verlaufen (Abb. 23). Mit Hilfe der Herz-Lungen-Maschine (HLM) ist es möglich, die venöse Bluttemperatur jeweils in kurzer Zeit auf über 36 °C anzuheben und dort zu halten. Die simultan gemessene Rektaltemperatur folgt langsamer. Oft sogar ist am Ende der EKZ noch kein Temperaturausgleich erreicht, da die kältere Muskel- bzw. Gewebemasse des Körpers noch nicht ausreichend erwärmt ist. Für die Beurteilung der Beziehung zwischen der Temperatur, dem pH-Wert und der Konzentration des ionisierten Calciums im Blut ist deshalb eher die venöse Bluttemperatur als die Rektaltemperatur geeignet.

Der Anstieg der Bluttemperatur ist zwar durch die HLM steuerbar, wird aber nur in Ausnahmefällen linear verlaufen. Bei den untersuchten Patienten zeigt

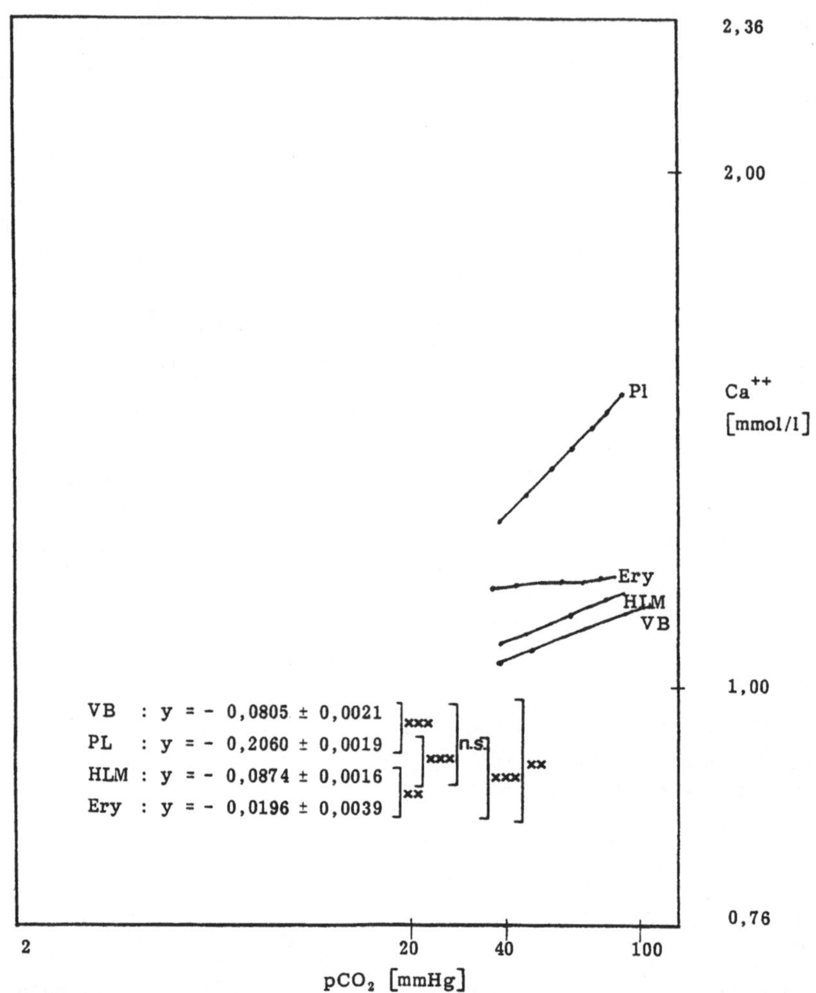

Abb. 19. pH-Senkung durch erhöhte fraktionelle CO_2-Konzentration im Gasgemisch bei konstanter Temperatur (37 °C). Beziehung zwischen pCO_2 und ionisiertem Calcium (beide logarithmisch skaliert). Darstellung der *Mittelwerte* der Versuchsreihen. (Abkürzungen wie in Abb. 7)

sich stets ein zunehmender steiler Anstieg der venösen Bluttemperatur bei gleichbleibender Rektaltemperatur. In einigen Fällen sinkt sogar die Rektaltemperatur noch weiter ab, obwohl das Blut bereits wieder erwärmt wird. Offensichtlich ist dies durch eine zu kurze Hypothermiephase bedingt. Das „Hinterherhinken" der Rektaltemperatur in der Abkühlungsphase wiederholt sich gleichsam in der Phase der Wiedererwärmung. Erst gegen Ende der EKZ bei konstant gehaltener Bluttemperatur über 36 °C folgt dann schließlich der Wiederanstieg der Rektaltemperatur. Sie hat aber in der Regel bei Abgang von der HLM noch nicht den Wert der Bluttemperatur erreicht (Abb. 23). Es besteht immer noch ein z.T. erheblicher Unterschied. Unter diesem Aspekt erscheint

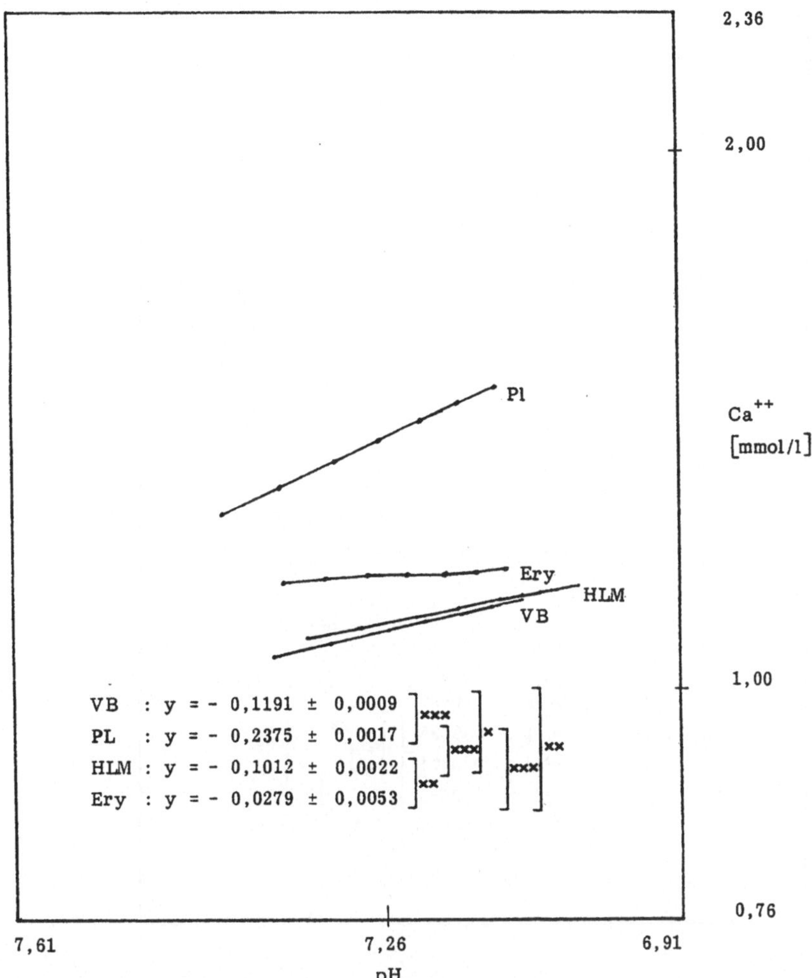

Abb. 20. pH-Senkung durch erhöhte fraktionelle CO_2-Konzentration im Gasgemisch bei konstanter Temperatur (37 °C). Beziehung zwischen pH und ionisiertem Calcium (logarithmisch skaliert). Darstellung der *Mittelwerte* der Versuchsreihen. (Abkürzungen wie in Abb. 7)

Tabelle 6. %-Anteil des ionisierten Calciums am Gesamtcalcium

	$pCO_2 = 40$ mmHg	$pCO_2 = 100$ mmHg	Δ%
Vollblut	52,9	56,2	+3,3
Plasma	50,4	58,1	+7,7
HLM-Blut	58,1	60,4	+2,4
Ery-Susp.	48,1	49,6	+1,5

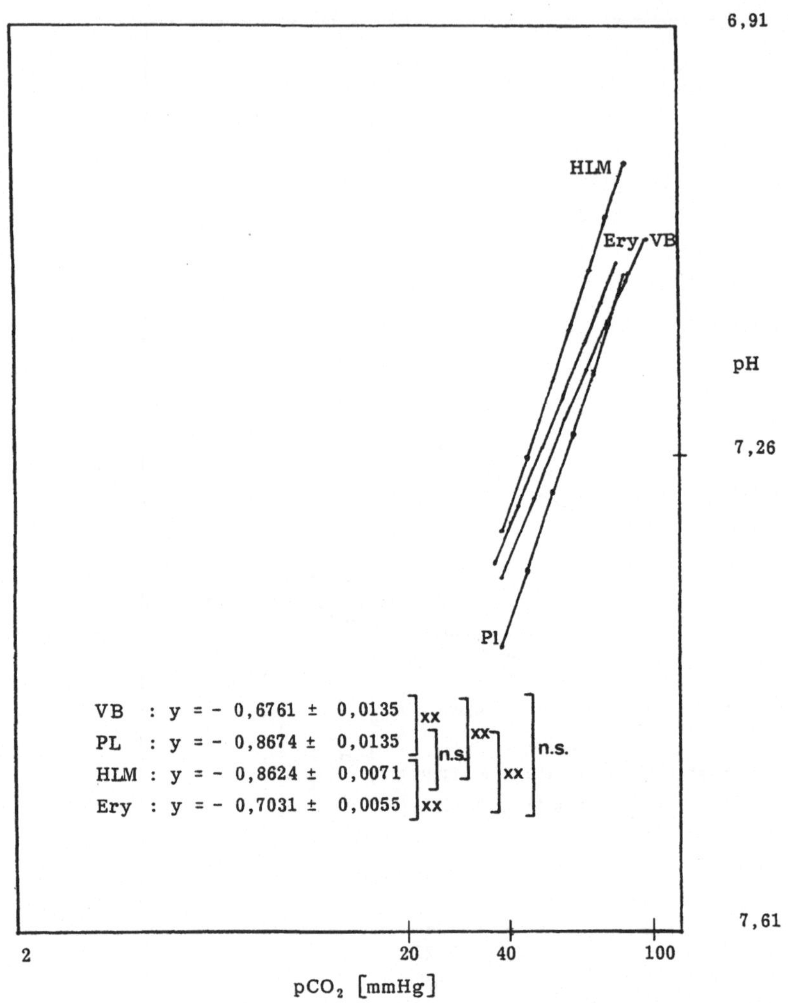

Abb. 21. pH-Senkung durch erhöhte fraktionelle CO_2-Konzentration im Gasgemisch bei konstanter Temperatur (37 °C). Beziehung zwischen pCO_2 (logarithmisch skaliert) und pH. Darstellung der *Mittelwerte* der Versuchsreihen. (Abkürzungen wie in Abb. 7)

eine Temperaturkorrektur einer *Blut*gasanalyse anhand der *Rektal*temperatur sehr fragwürdig. Die Rektaltemperatur kann hier kein repräsentativer Wert für biochemische Abläufe im Blut sein.

Der während der hypothermen EKZ gemessene Blut-pH-Wert wird nicht nur durch die Temperatur des Blutes beeinflußt. Vielmehr ist die EKZ durch den Einsatz der HLM ein „offenes" System, dem ständig und in unterschiedlichem Ausmaß Gase (CO_2, O_2) und bei Bedarf auch Puffersubstanzen (z. B. Natriumbikarbonat 8,4%) zugeführt werden. Zugleich kommt es je nach Dauer der EKZ und Art der Operation zu Flüssigkeitsverlusten und -ersatz (Perspiratio insensibilis, Blutverlust durch den Sauger, Urinausscheidung). Sowohl Flüssigkeitser-

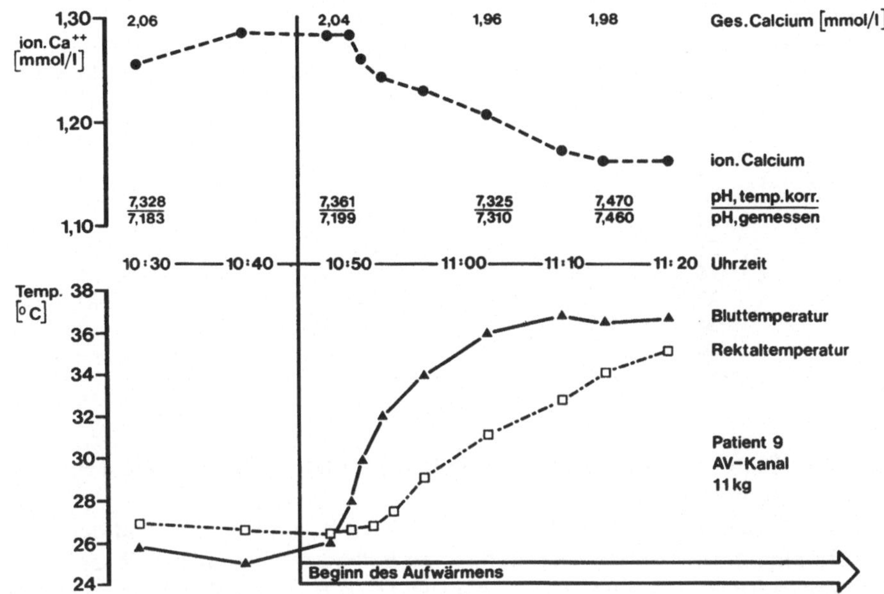

Abb. 22. Veränderungen in der Phase der Wiedererwärmung am Ende der extrakorporalen Zirkulation

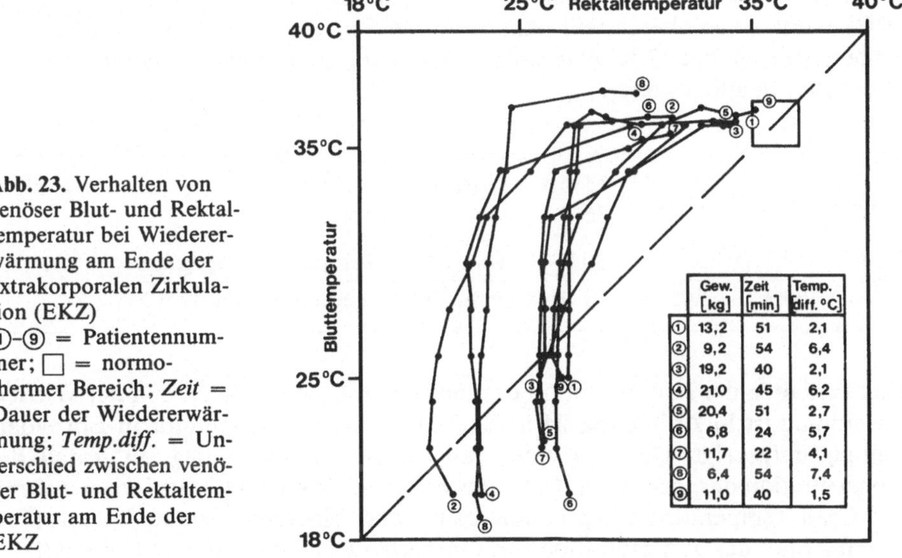

Abb. 23. Verhalten von venöser Blut- und Rektaltemperatur bei Wiedererwärmung am Ende der extrakorporalen Zirkulation (EKZ) ①–⑨ = Patientennummer; □ = normothermer Bereich; *Zeit* = Dauer der Wiedererwärmung; *Temp.diff.* = Unterschied zwischen venöser Blut- und Rektaltemperatur am Ende der EKZ

satz als auch -verlust sind nur bedingt von der Dauer der EKZ bzw. Wiedererwärmungszeit abhängig (Tabelle 7).

Insofern ist zweifelhaft, ob es sinnvoll ist, unter den klinischen Bedingungen der EKZ eine rechnerische Beziehung zwischen der Temperatur und dem pH-

Tabelle 7

Patient	Wiedererwärmungszeit [min]	Urinausscheidung [ml]	Hb-Änderung [%]
1	51	70	+3
2	54	40	+1
3	40	120	+7
4	45	70	+4
5	51	140	+4
6	24	–	+2
7	22	30	+1
8	54	10	+3
9	40	10	+4

Wert des Blutes ermitteln zu wollen, solange im Organismus große Temperatur-Differenzen bestehen.

Um z.B. den temperaturkorrigierten pH-Wert besonders während der Wiedererwärmung im physiologischen Bereich zu halten, wird in dieser Phase die CO_2-Konzentration im Gasgemisch ständig variiert, d.h. in der Regel reduziert. Allein schon dieser Umstand überlagert die Beziehung zwischen Temperatur und pH-Wert des Blutes erheblich.

Deutlich wird dies durch die Auflistung (vgl. hierzu Abb. 22). Hier sind die zu bestimmten venösen Bluttemperaturen gemessenen temperaturkorrigierten pCO_2-Werte gegenübergestellt. Aufgrund der Zunahme der CO_2-Löslichkeit in Kälte liegen die bei 37 °C gemessenen Werte im ursprünglich hypothermen venösen Blut deutlich höher.

10:30	10:50	11:04	11:15	Uhrzeit
24 °C	25 °C	36 °C	36 °C	ven. Bluttemperatur
38,8	39,1	52,5	39,8	ven. pCO_2, temperaturkorrigiert
68,8	66,3	54,0	41,0	ven. pCO_2, gemessen bei 37 °C

Das Verhalten der Konzentration des ionisierten Calciums während der Wiedererwärmung ist in Abbildung 24 in Beziehung zur Bluttemperatur in Einzeldarstellung aufgezeigt. Deutlich wird, daß bei Temperaturanstieg ein Abfall der Konzentration des ionisierten Calciums bei allen untersuchten Patienten auftritt. Pro Grad Temperaturanstieg kommt es bei der Wiedererwärmung im Mittel zu einem Abfall der Konzentration des ionisierten Calciums um 0,004 mmol/l.

Weitgehend unabhängig von den möglichen Ursachen der Beeinflussung des jeweiligen Blut-pH-Wertes einer bestimmten Temperatur ist jedoch die Beziehung zwischen pH-Wert und der Konzentration des ionisierten Calciums. Diese in vivo-Reaktion ist in Abbildung 25 dargestellt.

Setzt man den bei tiefster Bluttemperatur während der EKZ erreichten Wert der Konzentration des ionisierten Calciums gleich 100%, so wird deutlich, daß

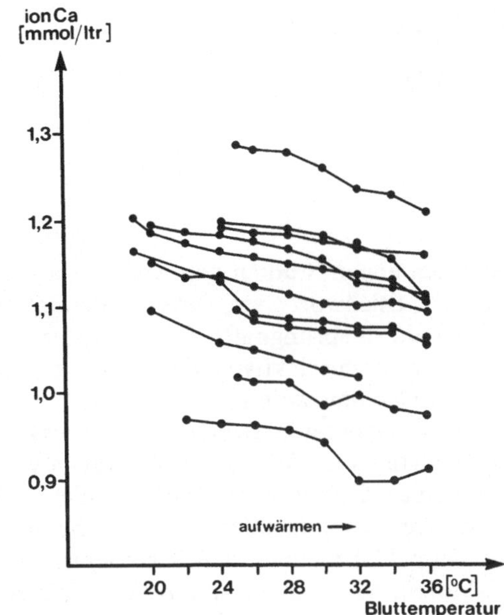

Abb. 24. Abfall der Konzentration des ionisierten Calciums bei Temperaturanstieg gegen Ende der extrakorporalen Zirkulation

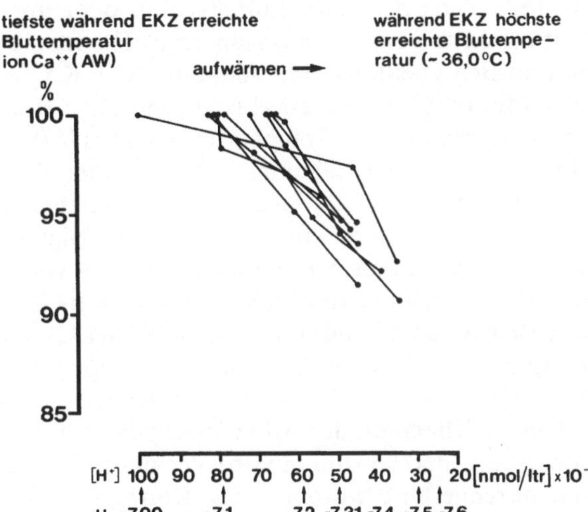

Abb. 25. Abfall der Konzentration des ionisierten Calciums im Verhältnis zur pH-Veränderung gegen Ende der extrakorporalen Zirkulation.
EKZ = extrakorporale Zirkulation; *AW* = Ausgangswert

es während des bei Wiedererwärmung – durch Maßnahmen an der Herz-Lungen-Maschine – zu beobachtenden Anstieges des pH-Wertes gleichzeitig zu einer Abnahme der Konzentration des ionisierten Calciums im Mittel um 7–8% kommt. Dabei ist offensichtlich unwesentlich, von welchem Blut-pH-Wert ausgegangen wird. Eine Erhöhung des pH-Wertes um 0,1 Einheiten bewirkt eine Abnahme der Konzentration des ionisierten Calciums um etwa 3%.

4 Diskussion

Seit den ersten Studien von McLean u. Hastings 1935 ist die Zahl der Arbeiten zu dem Stichwort „ionisiertes Calcium" zunächst nur geringfügig gewachsen. Eine nahezu sprunghafte Zunahme der Literaturstellen ist jedoch seit dem Einsatz von ionenselektiven Elektroden zur Messung der Konzentration des ionisierten Caciums zu erkennen.

Die Beziehung zwischen der Temperatur und der Konzentration des ionisierten Calciums im Blut ist jedoch nur in wenigen Arbeiten untersucht und widersprüchlich diskutiert worden. Zumeist auch sind dementsprechende Ergebnisse sozusagen „Randprodukte" von Arbeiten mit anderer Zielsetzung. Scheidegger u. Drop [83] rechnen z. B. Temperaturveränderungen überhaupt nicht zu den Faktoren, die die Konzentration des ionisierten Calciums im Blut wesentlich beeinflussen. Gupta [42] fand mit Hilfe der Murexid-Methode eine 10%ige Abnahme der Konzentration des ionisierten Calciums bei Temperaturerhöhung von 25 °C auf 37 °C. Die Darstellung seiner Methode läßt allerdings nicht erkennen, ob diese Versuche unter Luftabschluß oder unter kontinuierlicher Zufuhr von Luft gemacht worden sind. Hansen u. Theodorsen [43] beobachteten bei Temperaturanstieg ebenfalls eine Abnahme der Konzentration des ionisierten Calciums. Moore [62] postuliert eine gegenläufige Beeinflussung der Calciumkonzentration durch pH und Temperatur. Oreskes [67] beobachtete, daß die Konzentration des ionisierten Calciums mit steigender Temperatur abnimmt. Als Ursache vermutet er einen CO_2-Verlust und möglicherweise eine Proteindenaturierung bei steigenden Temperaturen. Eine etwa 3%ige Abnahme der Konzentration des ionisierten Calciums bei Temperaturanstieg von 25 °C auf 37 °C ist das Ergebnis einer Untersuchung von Ladensen u. Bowers [52]. In der jüngsten Arbeit zu diesem Thema findet Band [10] einen Abfall der Calciumaktivität um 0,003 mmol/l/°C Temperaturanstieg. Bezogen auf die Temperaturdifferenz 25 °C zu 37 °C würde dies einen Abfall der Konzentration des ionisierten Calciums um 3% bedeuten.

Um die Thematik der Arbeit methodisch exakt, aber auch klinisch relevant zu behandeln, sind sowohl in vitro-Versuchsreihen als auch klinische Untersuchungen durchgeführt worden. Das Konzept unserer in vitro-Versuchsreihen am Kreislaufmodell beinhaltet deshalb die Beobachtung der Veränderungen der Konzentration des ionisierten Calciums

- in Hypothermie im geschlossenen System (Abkühlung von 37 °C auf 21 °C bei konstantem CO_2-Gehalt unter Luftabschluß);
- in Hypothermie im offenen System (Abkühlung von 37 °C auf 21 °C bei konstantem pCO_2 im Oxygenator);
- in normothermer respiratorischer Azidose (Veränderungen des pH-Wertes durch erhöhte fraktionelle CO_2-Konzentration im Gasgemisch).

Auf diese Weise sollte die Differenzierung zwischen dem alleinigen Einfluß des pH-Wertes bzw. der Temperaturveränderung auf die Konzentration des ionisierten Calciums erleichtert werden. Dabei entspricht der Versuchsaufbau „Hypothermie im geschlossenen System" den klinischen Bedingungen der anaeroben kühlen Lagerung von Spritzen; „Hypothermie im offenen System" ist annähernd gleichzusetzen mit der extrakorporalen Zirkulation und die „normotherme respiratorische Azidose" hat Bezug zum klinischen Bild der Ateminsuffizienz und bestimmten Beatmungsformen.

Ein weiterer Grundgedanke der Arbeit ist die Aufteilung des Vollblutes in die Kompartimente Plasma und Erythrozytensuspension. Aufgrund ihrer unterschiedlichen Zusammensetzungen unterscheiden sich beide Kompartimente hinsichtlich Eiweißgehalt und Hb-Wert ganz wesentlich (vgl. Tabelle 3, S. 13).

Die Mischung aus Patientenblut und Primärfüllung der Herz-Lungen-Maschine ist dagegen als eine Ergänzung der Versuchsreihe mit Vollblut anzusehen. Denn diese Mischung stellt gleichsam ein extrem diluiertes Vollblut dar.

Um zusätzlich die Veränderungen im Gesamtorganismus zu erfassen, sind die Untersuchungen an Patienten während der extrakorporalen Zirkulation bei Operationen am offenen Herzen durchgeführt worden. Diese Untersuchungen sind zwar hinsichtlich der Methodik und der Ergebnisse durchaus mit den in vitro-Versuchsreihen vergleichbar, dennoch liegen hier einige Besonderheiten vor, die eine absolute Gleichsetzung der Versuchsreihen mit der klinischen Untersuchung nicht ohne weiteres erlauben.

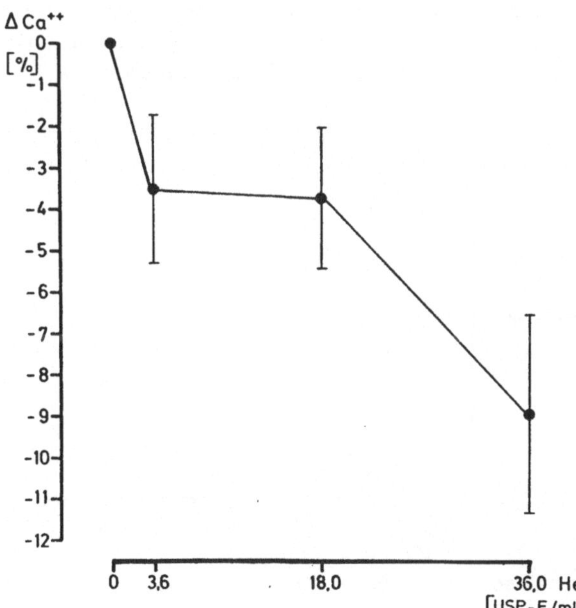

Abb. 26. Einfluß von Heparin auf die Konzentration des ionisierten Calciums. (Nach [34])

4.1 In vitro-Versuchsreihen

Heparin: Als Proben können in das Calcium-Analysengerät heparinisiertes Vollblut, Plasma oder Serum gegeben werden. Das erforderliche Probenvolumen beträgt 350 µl. Die zugegebene Heparinmenge muß definiert sein und möglichst niedrig gehalten werden [33]. Nach Fuchs [34] führt der Zusatz von 10 IE Heparin/ml-Probe zu einer Abnahme des ionisierten Calciums um 3–4% (Abb. 26). Die für diese Arbeit verwendete Vollblut- und Plasmakonserven enthielten jeweils 4,5 IE Heparin/ml. In den Erythrozytensuspensionen war praktisch kein Heparin mehr enthalten.

Wasserverlust im offenen System: Der gewählte Aufbau der Versuchsreihen am Kreislaufmodell im offenen System orientiert sich an den klinischen Bedingungen. Dort wird während der extrakorporalen Zirkulation über die Oxygenatormembran ein trockenes Frischgasgemisch aus O_2 und CO_2 mit der Maschinenfüllung äquilibriert. Damit wird der Maschinenfüllung über die Membran aber auch elektrolyt- und eiweißfreies Wasser entzogen. Für die klinische Praxis ist dieser geringe intraoperative Wasserverlust in dem über Lunge und Niere ohnehin offenen Gesamtsystem des Organismus zu vernachlässigen. Bezogen auf das in den Versuchsreihen benutzte Kreislaufmodell kann es aber zu einem zu berücksichtigenden Volumenverlust an zirkulierender Flüssigkeit und damit einem Anstieg der Ionenkonzentration kommen.

Um diesen Verlust an elektrolytfreiem Wasser für das in den in vitro-Versuchen benutzte Kreislaufmodell zu quantifizieren, wurde in einigen Versuchen am Gasauslaß des Oxygenators mit Hilfe einer Kühlfalle das austretende Wasser aufgefangen und gemessen. Bei einem Gesamtfüllvolumen von 400 ml ergab sich dabei am Ende eines 2stündigen Versuchs ein Wasserverlust von durchschnittlich 6%. Der gleichzeitig gemessene Konzentrationsanstieg von Natrium als Hinweis auf die Konzentrierung der in dem Kreislaufmodell befindlichen Flüssigkeit betrug im Mittel ebenfalls 6%.

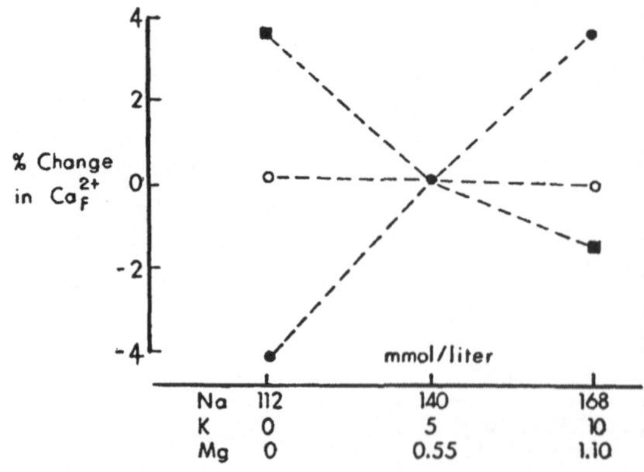

Abb. 27. Bedeutung der Ionenstärke für die Meßgenauigkeit der ionenselektiven Calciumelektrode. (Nach [52])

Ionenenstärke, Aktivitätskoeffizient: Nach allgemeiner Auffassung kann in einer physiologischen Lösung die Natriumkonzentration durchaus als die relevante Größe für die Ionenstärke angesehen werden. Eine im physiologischen Rahmen bleibende Ionenstärke ist aber ebenso wie eine gleichgroße Ionenstärke von Probe und internem Standard des Calciumanalysengerätes Voraussetzung für eine exakte Messung durch die Elektrode (Abb. 27). Größere Abweichungen der Ionenstärke, hervorgerufen durch Konzentrationsänderungen bei Natrium und Magnesium, können die Meßgenauigkeit der ionenselektiven Elektrode beeinflussen [41, 48, 52, 88, 97].

Da die Natriumkonzentration in den in vitro-Versuchen zwar im physiologischen Bereich lag, aber nicht konstant war, andererseits die Konzentrationsänderungen des ionisierten Calciums sehr gering waren, bestand die Notwendigkeit einer sehr genauen Analyse der Querverbindungen. Diese wurde sowohl theoretisch als auch experimentell durchgeführt.

Die Ionenstärke I ist ein Maß für die Größe der interionischen Wechselwirkung und ist definiert als die halbe Summe der Produkte aus den Ionenkonzentrationen und den Quadraten der Ionenwertigkeiten [51].

$$I = \frac{1}{2} \sum m_i \cdot Z_i^2 \, [\text{mol}/\text{l}] \tag{1}$$

So hat z. B. der interne Standard A des Calcium-Analysengerätes NOVA-2 eine Zusammensetzung aus Natrium 150 mmol/l und Calcium 1,0 mmol/l. Nach der o. g. Formel ergibt sich hieraus eine Ionenstärke I von 0,156 mmol/l. Für den internen Standard B (Natrium 150 mmol/l, Calcium 2 mmol/l) beträgt I = 0,162 mol/l. Von der Ionenstärke einer Lösung ist wiederum der Aktivitätskoeffizient des in der Lösung dissoziierten Elektrolyten abhängig. Auf der Basis des von Debye u. Hückel angegebenen Näherungsverfahrens läßt sich der Aktivitätskoeffizient aus der Ionenladung und der Ionenkonzentration berechnen [51].

Dieser Aktivitätskoeffizient bezeichnet den Anteil der *aktiven* Ionen an der Gesamtzahl der *freien* Ionen. Das Produkt aus der Konzentration der freien Ionen und dem Aktivitätskoeffizienten ergibt die „Aktivität" des Elektrolyten. Bezogen auf Calcium benennt Siggard-Andersen [88] für eine Lösung mit Natrium = 156 mmol/l und ionisiertem Calcium = 1,25 mmol/l einen Aktivitätskoeffizienten für Calcium von y = 0,304. Das bedeutet, daß von der Gesamtmenge der freien Calciumionen nur 30,4 % aktiv sind (= 0,36 mmol/l). Für Lösungen im Zustand der „unendlichen" Verdünnung geht die Ionenstärke I→0, und der Aktivitätskoeffizient beträgt definitionsgemäß 1,0 [51]. Wie der Aktivitätskoeffizient für Calcium sich in Abhängigkeit von der Ionenstärke verändert, ist aus der Abbildung 28 zu ersehen.

Siggard-Andersen [88] gibt an, daß in der o. g. Lösung z. B. eine Veränderung der Ionenstärke von 0,160 mol/l auf 150 mol/l den Aktivitätskoeffizienten für Calcium von 0,304 auf 0,311 erhöhen soll.

Bis heute ist der exakte Aktivitätskoeffizient für Calcium in normalem Plasma nicht bekannt bzw. nicht festgelegt worden. Man behilft sich deshalb in der Weise, daß man den Aktivitätskoeffizienten der o. g. wäßrigen Lösung mit einer Io-

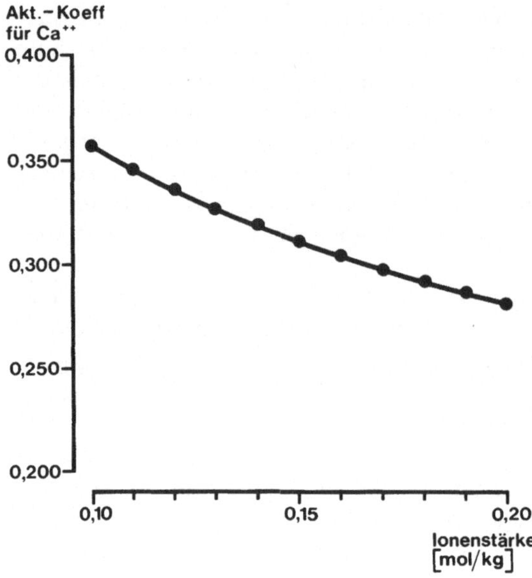

Abb. 28. Einfluß der Ionenstärke auf den Aktivitätskoeffizienten für ionisiertes Calcium $Y_{Ca^{++}}$

nenstärke I = 0,160 mol/l als auch für Plasma gültig annimmt. Somit wird im normalen Plasma ein konstanter Aktivitätskoeffizient in Höhe von 0,304 bei der Messung mit der ionenselektiven Calciumelektrode vorausgesetzt. Für Plasma mit sehr stark abweichender Ionenstärke aufgrund unterschiedlicher Natriumkonzentrationen gelten andere Aktivitätskoeffizienten [15].

Diese Fragen sind in der Literatur ausführlich erörtert. Aufgrund von Messungen mit dem Calcium-Analysengerät NOVA-2 kommt Fyffe [38] zu der Feststellung, daß die Reduzierung der Natriumkonzentration in einem wäßrigen Standard von 150 mmol/l auf 120 mmol/l eine Erhöhung des Meßergebnisses für ionisiertes Calcium um 2–3% bewirkt. Kaufmann et al. [48] haben das gleiche Phänomen untersucht. Sie kommen zu dem Schluß, daß – ausgehend von einer Natriumkonzentration von 140 mmol/l – eine Variation um ±20 mmol/l zu einer Abweichung für ionisiertes Calcium um weniger als 3% führt. Sie halten deshalb einen Korrekturfaktor für den Einfluß der Ionenstärke im physiologischen Konzentrationsbereich auf die Meßgenauigkeit der Konzentration des ionisierten Calciums für nicht notwendig. Vadgama [97] mißt mit dem Calcium-Analysengerät SS 20 der Fa. Orion bei einem Anstieg der Natriumkonzentration von 135 mmol/l auf 148 mmol/l eine Veränderung des ionisierten Calciums um knapp 2%. Auch er hält deshalb einen Korrekturfaktor für nicht notwendig.

Zusammenfassend ergibt sich für unsere Versuchsreihen im offenen System aus diesen Betrachtungen folgendes: Bei einer 2stündigen Versuchsdauer ist es zu einem Wasserverlust von 6% und simultan zu einem Natriumkonzentrationsanstieg von 6% gekommen. Die anfängliche durchschnittliche Natriumkonzentration von 150 mmol/l (Calciumkonzentration 1,25 mmol/l) ist nach 2 h auf 159 mmol/l angestiegen. Die ursprüngliche Ionenstärke von 0,158 mol/l und der Aktivitätskoeffizient für ionisiertes Calcium von 0,306 würden demnach auf

0,166 mol/l bzw. 0,300 verändert sein (vgl. Abb. 28). Daraus wiederum ergibt sich eine Veränderung der angezeigten Werte der Substanzkonzentration der freien Calciumionen von z. B. 1,26 mmol/l auf 1,24 mmol/l. Es ist deshalb am Ende der 2stündigen Meßdauer aufgrund der erhöhten Ionenstärke der Wert der Substanzkonzentration um 2% zu niedrig zu erwarten. Zwar ist dieser gerichtete Fehler für die klinische Anwendung von geringer Bedeutung; für die Ergebnisse der in vitro-Versuche muß er jedoch berücksichtigt werden.

Dadurch, daß die Ionenstärke der Standardlösung A des Calcium-Analysengerätes und die der Probe fast gleich sind, ist mit dem Auftreten eines Diffusionspotentials zwischen der zu analysierenden Probe und der internen Standardlösung A, die hintereinander durch die Elektrode fließen, nicht zu rechnen. Darüber hinaus ist im Analysenablauf des Calcium-Analysengerätes (Abb. 5) als weitere Sicherheit zwischen Probe und Standardlösung A Luft plaziert.

Modellrechnung: Der in der 2stündigen Versuchsdauer auftretende Wasserverlust hat einen Anstieg der Natriumkonzentration zur Folge. Während des Versuchsablaufes hat also eine Konzentrationserhöhung durch einen Verlust an elektrolytfreiem Wasser stattgefunden. Dadurch kommt es neben der Erhöhung der Ionenstärke mit resultierendem Meßfehler der Elektrode zusätzlich noch zu einem Fehler durch echte Zunahme der Gesamtkonzentration der Elektrolyte. Zur Ermittlung des „wahren biologischen Effektes" dieser Versuchsreihe im offenen System des Kreislaufmodell ist deshalb die Frage zu beantworten, wie sich eine Erhöhung der Gesamtcalciumkonzentration um 6% auf das Gleichgewicht der verschiedenen Calciumfraktionen und damit auf die Konzentration des ionisierten Calciums auswirkt.

Weil thermodynamische Gleichgewichtskonstanten sich auf Aktivitäten beziehen, wird in dieser Modellrechnung statt der Konzentration der Begriff „Aktivität a_T" benutzt. Eine Erhöhung der Gesamtaktivität a_T um 6% bewirkt, daß die neue Aktivität a'_T sich folgendermaßen verändert:

$$a'_T = 1,06 \cdot a_T \tag{2}$$

Für Gesamtcalcium und die Fraktionen freies und komplexgebundenes Calcium bedeutet dies, daß sich zunächst jede Aktivität der einzelnen Fraktionen um den Faktor 1,06 erhöht. Die neuen Aktivitäten sind also im Gedankenexperiment nach der Konzentrierung und vor der Gleichgewichtseinstellung der Calciumfraktionen:

$$a'_{Ca^{++}} \simeq 1,06\, a_{Ca^{++}} \tag{3}$$

$$a'_{Anion^{--}} \simeq 1,06\, a_{Anion^{--}} \tag{4}$$

$$a'_{(CaAnion)} \simeq 1,06\, a_{(CaAnion)} \tag{5}$$

Da im Plasma die Aktivität des ionisierten Calciums in der Größenordnung von 1/100 der Aktivität der Anionen liegt, ändert sich durch die Reaktion (bei der Anpassung an das Gleichgewicht zwischen den Calciumfraktionen)

$$Ca^{++} + Anion^{--} \rightleftharpoons (CaAnion) \tag{6}$$

die Anionenkonzentration um weniger als 1%. Sie darf deshalb als konstant angesehen werden. Vor der Konzentrierung war nach dem Massenwirkungsgesetz

$$\frac{a_{Ca^{++}} \cdot a_{Anion^{--}}}{a_{(CaAnion)}} = K \tag{7}$$

Unter der Annahme, daß die Aktivität der Anionen konstant bleibt, ist nach der Konzentrationserhöhung um 6% die Gleichung 7 folgendermaßen verändert (a = Ausgangsaktivität *vor* der Konzentrierung):

$$\frac{1}{1,06} \cdot \frac{1,06 \cdot a_{Ca^{++}}}{1,06 \cdot a_{(CaAnion)}} \cdot \underbrace{1,06 \cdot a_{Anion^{--}}}_{konstant} = K \tag{8}$$

Die Änderung des Gleichgewichtes drückt sich aus in dem Faktor $\frac{1}{1,06}$. Die Verringerung der neuzubestimmenden Aktivität des ionisierten Calciums um den Faktor x bewirkt eine entsprechende Erhöhung der neuzubestimmenden Aktivität des komplexgebundenen Calciums. Der Faktor x bezeichnet hierbei den Teil der freien Calciumionen, der wegen der Erhöhung der Anionenkonzentration komplexiert wird.

$$\frac{1 \cdot a_{Ca^{++}}}{1,06 \cdot a_{(CaAnion)}} = \frac{(1-x) \cdot a_{Ca^{++}}}{(1+x) \cdot a_{(CaAnion)}} \tag{9}$$

Daraus folgt

$$\frac{1}{1,06} = \frac{1-x}{1+x} \tag{10}$$

Nach x aufgelöst ergibt sich daraus

$$x = \frac{1 - \dfrac{1}{1,06}}{1 + \dfrac{1}{1,06}} = \frac{1 - 0,943}{1 + 0,943} = 0,029 \tag{11}$$

Die neuen Aktivitäten (a') des ionisierten und des komplexgebundenen Calciums sind jetzt also

$$a'_{Ca^{++}} = 1,06(1-x)a_{Ca^{++}} = 1,06 \cdot 0,971 = 1,029 \tag{12}$$

$$a'_{(CaAnion)} = 1{,}06\,(1+x)\,a_{(CaAnion)} = 1{,}06 \cdot 1{,}029 = 1{,}091 \tag{13}$$

Bei einer Erhöhung der Gesamtcalciumkonzentration um 6% beträgt die Zunahme der Aktivität des ionisierten Calciums wie auch die Zunahme der Konzentration des gesamten ionisierten Calciums 2,9%; die Zunahme des komplexgebundenen Calciums beträgt hingegen 9,1% (vergl. Abb. 29).

Der vom Calcium-Analysengerät angezeigte Wert der Konzentration des ionisierten Calciums in den in vitro-Versuchsreihen unter kontinuierlicher Zufuhr von Luft und CO_2 ist demnach die resultierende Größe aus

(a)   dem Berechnungsfehler infolge Benutzung eines in diesem Fall unzutreffenden Aktivitätskoeffizienten, und

(b)   dem Modellfehler der wegen der Konzentration und Gleichgewichtsneueinstellung echten Zunahme der Konzentration des ionisierten Calciums.

Für die in den in vitro-Versuchsreihen im offenen System gemessenen Werte für die Konzentration des ionisierten Calciums erhöht der Korrekturfaktor aus (a) das Meßergebnis um 2%. Der Korrekturfaktor aus (b) dahingegen vermindert das Meßergebnis um 2,9%. In der Summe ergibt sich dementsprechend, daß der von dem Gerät angezeigte Wert bezogen auf die Ausgangskonzentration um weniger als 1% zu niedrig gemessen wird.

Experimentelle Überprüfung der Modellrechnung: Da die Modellrechnung notwendigerweise von gewissen Vereinfachungen ausging, wurde zusätzlich eine ex-

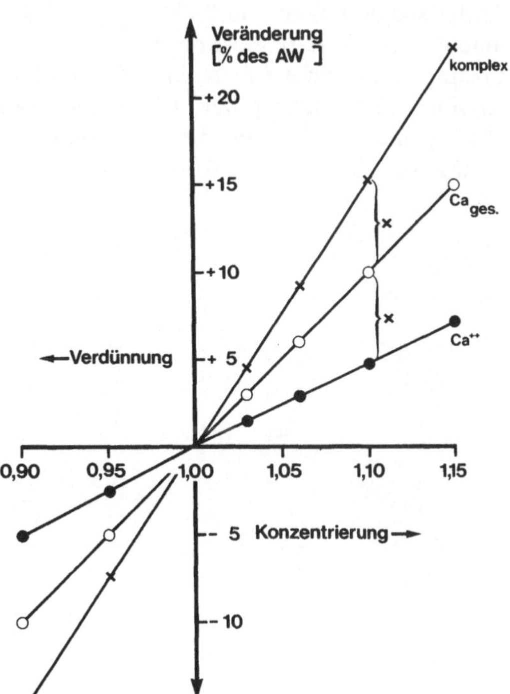

Abb. 29. Prozentuale Veränderungen der Calciumfraktionen bei Konzentrierung oder Verdünnung einer wäßrigen Lösung (Modellrechnung). *komplex* = komplex gebundenes Calcium; $Ca_{ges.}$ = Gesamtcalcium; Ca^{++} = ionisiertes Calcium; *AW* = Ausgangswert; *Faktor* = Konzentrierung bzw. Verdünnung um den Faktor

perimentelle Überprüfung des Gedankenganges durchgeführt. Die Ergebnisse von 3 begleitenden Versuchen zu der vorhergehenden Modellrechnung bestätigen deren Richtigkeit.

In einem Becher befindliches, heparinisiertes Plasma (ca. 160 ml) wurde einem kontinuierlichen Zustrom von Luft und CO_2 ausgesetzt (Abb. 30). Bei gleichzeitiger Messung der Temperatur (konstant 37 °C) und des pH-Wertes (konstant 7,5) wurde zunächst durch stufenweises Hinzufügen von elektrolytfreiem Wasser die Natriumkonzentration erniedrigt und dabei Gesamtcalcium und ionisiertes Calcium gemessen. Durch Verdunstung von Wasser in mehreren Stunden kam es danach wieder zu einer Zunahme der Natriumkonzentration als Ausdruck der Konzentrierung der Lösung. Auch in dieser Phase wurden simultan Gesamtcalcium und ionisiertes Calcium gemessen.

In der graphischen Darstellung dieser Versuche (Abb. 31) kommt zum Ausdruck, daß die gemessenen Werte für Gesamt- und ionisiertes Calcium nahe der Linie der errechneten Werte liegen. Weiterhin ergibt sich aus der Differenz zwischen den gemessenen Werten des ionisierten Calciums und den jeweiligen Aktivitätskoeffizienten $Y_{Ca^{++}}$ der jeweilige biologische Restfehler. Das schraffierte Feld zeigt die errechneten Werte dieses Fehlers, von denen die gemessenen Werte nicht weit entfernt liegen.

Eine Beeinflussung der Ionenstärke und damit des Aktivitätskoeffizienten für die Calciumfraktionen ist in den einzelnen in vitro-Versuchsreihen auch durch die Temperaturveränderungen gegeben. In einer wäßrigen Lösung führt eine Temperatursteigerung zu einer Verkleinerung des Aktivitätskoeffizienten. Wird z. B. die Temperatur der Lösung von 20 °C auf 40 °C erhöht, so reduziert sich der Aktivitätskoeffizient von 0,265 auf 0,253. Diese Werte gelten jedoch nur für eine mäßig konzentrierte Lösung mit einer Ionenstärke unter 0,100 mol/l [51]. Für Lösungen mit einer Ionenstärke I größer als 0,100 mol/l wäre nach der Stokes-Robinson-Erweiterung der Debye-Hückel-Gleichung außerdem die Temperaturabhängigkeit der Dielektrizitätskonstanten des Wassers zu berücksichtigen. Sie beträgt für 20 °C 80,1 und für 38 °C 73 [89].

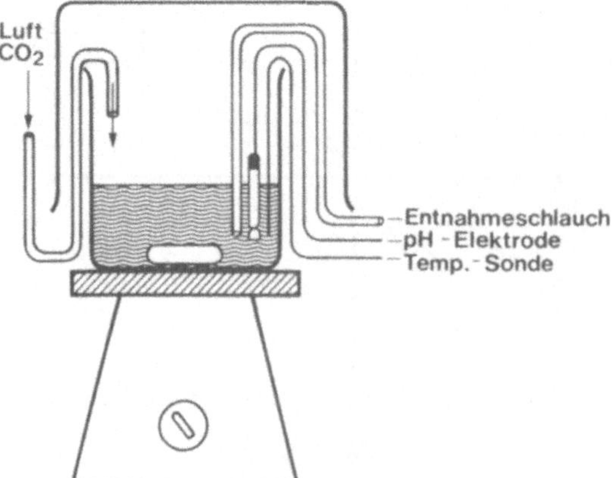

Abb. 30. Versuchsaufbau zur experimentellen Überprüfung der Modellrechnung

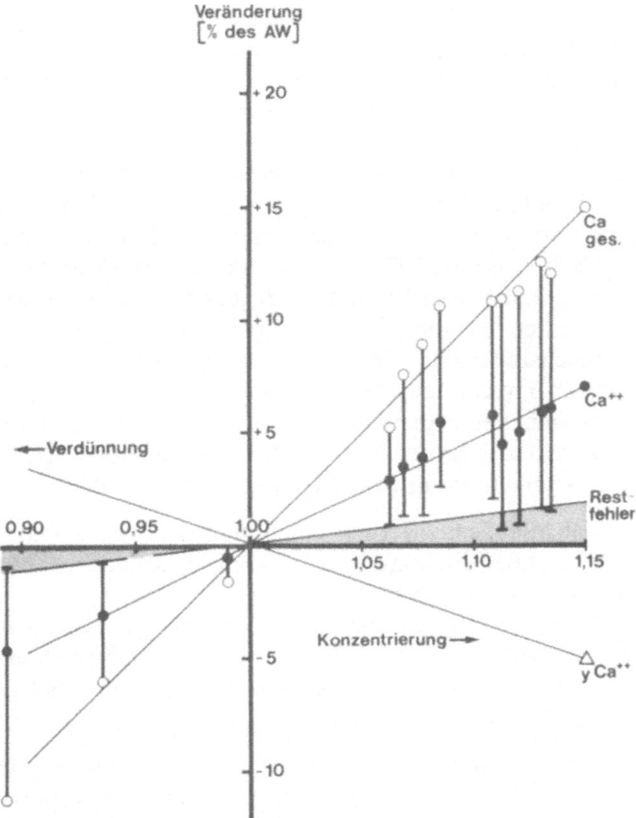

Abb. 31. Ergebnisse der experimentellen Überprüfung der Modellrechnung. O = gemessene Werte für Gesamtcalcium (Ca ges.); ● = gemessene Werte für ionisiertes Calcium (Ca^{++}); — = aus den gemessenen Werten ermittelter Restfehler; $Y_{Ca^{++}}$ = Aktivitätskoeffizient für freie Ca^{++}-Ionen, abhängig von der Ionenstärke; Faktor = Konzentrierung bzw. Verdünnung um den Faktor. Die durchgezogenen Linien für Gesamt- und ionisiertes Calcium sind aus Abb. 29 (Modellrechnung) übernommen

Die denkbaren Veränderungen des Aktivitätskoeffizienten in unserer Versuchsanordnung führen jedoch zu keiner nennenswerten Fehlbeurteilung,

1) da sie im in Frage stehenden Bereich der Ionenstärke minimal sind (s. Abb. 28) und
2) da das biologisch aktive Calcium nur eine Fraktion des ionisierten Calciums darstellt und damit absolut niedrig konzentriert ist (entsprechend 15% der Gesamtcalciummenge oder 30% des ionisierten Calciums).

In vitro-Versuchsreihen: Die in dieser Arbeit dargestellten in vitro-Versuchsreihen am Kreislaufmodell haben gemeinsam, daß jeweils Vollblut und dessen isolierte Kompartimente Plasma und Erythrozytensuspension untersucht worden sind. In ihrem Aufbau unterscheiden sich die Versuchsreihen jedoch sehr voneinander.

Hypothermie im geschlossenen System: In der in vitro-Versuchsreihe „Abkühlung von 37 °C auf 21 °C bei konstantem CO_2-Gehalt unter Luftabschluß" wird in einem geschlossenen System abgekühlt, in dem kein Gasaustausch stattfindet (vgl. Abb. 13–18). Der konstante Gehalt an den Atemgasen O_2 und CO_2 führt hier mit sinkender Temperatur zu einer Abnahme der Partialdrücke. Obwohl nach allgemeiner Auffassung anaerobe Abkühlung von Blutproben mit einem Anstieg des pH-Wertes verbunden ist [2], kommt es in unserem geschlossenen System bei absinkender Temperatur nach 2 h zu einem allerdings sehr gering ausgeprägten Abfall des pH-Wertes (vgl. Abb. 16). Im Vollblut und seinen Kompartimenten Plasma und Erythrozytensuspension ist dieser Abfall unterschiedlich stark ausgeprägt, am größten in der Erythrozytensuspension.

Nach Rosenthal [79] müßte eher ein pH-Anstieg eingetreten sein. Der sog. „Rosenthal-Faktor" bezieht sich jedoch nur auf anaerob gekühlte Blutproben, die keinen metabolischen Einflüssen unterliegen. Die Tatsache, daß in dieser Versuchsreihe der pH-Abfall in der Erythrozytensuspension am stärksten ist, läßt aber vermuten, daß die Säuerung in der Hauptsache durch metabolische Ursachen hervorgerufen wird. Der anaerobe Stoffwechsel der zellulären Bestandteile des Blutes führt zu einer Laktatazidose. Bezüglich des ionisierten Calciums zeigen die in Kapitel 3.2 vorgestellten Befunde,

1) daß die Temperierung der ionenselektiven Elektrode oder der Probe unter anaeroben Bedingungen keinen Einfluß auf das Meßergebnis des ionisierten Calciums hat, und
2) daß eine längere (2stündige) anaerobe Lagerung der Probe wegen des erythrozytären Stoffwechsels zu einer metabolischen Azidose führt. Dadurch kann es zu einer geringfügigen Verfälschung des Meßergebnisses des ionisierten Calciums kommen.

Bei der Abkühlung der anaerob gelagerten Proben sind größenordnungsmäßig ähnliche Veränderungen der Konzentration des ionisierten Calciums zu erwarten, wie sie bei der Konzentrations-Änderung der H-Ionen auftreten. Die im Nanomol-Bereich stattfindenden Konzentrationsänderungen des ionisierten Calciums liegen jedoch außerhalb des Differenzierungsbereiches der ionenselektiven Calciumelektrode. Sie sind nicht meßbar und deshalb ohne klinische Bedeutung.

Hypothermie im offenen System: In der Versuchsreihe „Abkühlung von 37 °C auf 21 °C bei konstantem pCO_2 im Oxygenator" wird der Probe während der Abkühlung kontinuierlich soviel CO_2 und Luft zugeführt, daß pCO_2 und pH bei aktueller Temperatur konstant bleiben. Dadurch resultiert allerdings bei der üblichen Analysentemperatur von 37 °C eine respiratorische Azidose (Abb. 10, 12). Wegen der temperaturabhängigen Beeinflussung der Komplexbindungskonstanten der Proteine für Calcium und Magnesium sowie für verschiedene Spurenelemente wäre bei alleiniger Hypothermie im *geschlossenen* System eine Abnahme der freien Ionen zugunsten des proteingebundenen Anteils zu erwarten [16, 17, 72]. Unsere Ergebnisse (s. Abb. 15) haben allerdings gezeigt, daß dieser Effekt zu vernachlässigen ist.

Im offenen System kommt es dagegen eher zu einer vermehrten Bindung von Wasserstoffionen und damit zu einer Erhöhung der Konzentration der durch Wasserstoffionen aus der Eiweißbindung herausgedrängten freien Calciumionen (vgl. Abb. 8, 9). Das gleiche Phänomen hat auch Thode [95] mit einem ähnlichen, allerdings einfacheren Versuchsaufbau beobachtet. Er sieht die Ursache für die Abhängigkeit der Konzentration des ionisierten Calciums vom pH-Wert in der unterschiedlichen Bindung von Calciumionen an Proteine in Abhängigkeit vom Dissoziationsgrad der proteingebundenen H-Ionen. Die bestimmenden Faktoren für die Beziehung zwischen der Konzentration des ionisierten Calciums und dem pH-Wert sind nach Thode die Albuminkonzentration, die Bikarbonat- und die Laktatkonzentration. Die von Thode weiterhin postulierten Veränderungen der Plasmawasserkonzentration durch osmotische Wasserbewegung durch die Erythrozytenmembran erscheinen als zusätzliches Argument deshalb fragwürdig, weil das intraerythrozytär gebildete Laktat ohne weiteres in den Extrazellularraum gelangen kann.

Diese Abhängigkeit der Relation „Konzentration der freien Calciumionen zu Konzentration der Wasserstoffionen" von dem Eiweißgehalt ist auch die Ursache für die unterschiedlichen Verhaltensweisen der freien Calciumionen in Plasma und Erythrozytensuspension. Im Plasma liegen bei normalem Eiweißgehalt etwa 0,9 mmol/l Calcium eiweißgebunden vor (s. Abb. 1). Dementsprechend könnten bei hoher Bindung von Wasserstoffionen bis zu 0,9 mmol/l Calcium aus der Eiweißbindung verdrängt werden und als freie Calciumionen erscheinen (s. Abb. 7, 9). In der extrem eiweißarmen Erythrozytensuspension können demgegenüber nur noch wenige Calciumionen aus der Eiweißbindung verdrängt werden. Die Freisetzung von Calcium aus der Erythrozytenmembran oder dem Erythrozyteninneren spielt erwartungsgemäß keine Rolle, da sowohl die Calciumkonzentration in der Membran als auch im Inneren der Erythrozyten gegenüber der extrazellulären Konzentration gering ist (extrazellulär ca. 1 mmol/l; intrazellulär ca. 0,0001 mmol/l). Dementsprechend ändert sich die Konzentration des ionisierten Calciums in einer Erythrozytensuspension bei Hypothermie im offenen System praktisch nicht.

Für die klinische Arbeit bedeutet dies, daß die Konzentration des ionisierten Calciums im Blut durch Temperaturverschiebungen kaum beeinflußt wird. Dagegen muß jedoch bei Gabe von Eiweiß mit einer klinisch relevanten Abnahme der Konzentration des ionisierten Calciums gerechnet werden. Dies ist auch von Drop [26] beschrieben worden. Tatsächlich enthalten die heute im Handel befindlichen Humanalbuminlösungen als reine Serumderivate in der Regel kein Calcium. Lediglich bei den Serumderivaten in Kombinationslösungen kommen Calciumkonzentrationen bis zu 2,5 mmol/l vor.

Respiratorische Azidose in Normothermie: In unserer 3. in vitro-Versuchsreihe „Veränderungen des pH-Wertes durch erhöhte fraktionelle CO_2-Konzentration im Gasgemisch" íst bei konstanter Temperatur (37 °C) lediglich eine respiratorische Azidose erzeugt worden. Die Ergebnisse dieser Versuchsreihe sind insofern mit denen aus der Versuchsreihe „Hypothermie im offenen System" vergleichbar, als die Ausgangs- und Endwerte von pH und pCO_2 bei 37 °C (s. Abb. 10, 12, 21) nahezu deckungsgleich sind. Die Veränderungen des Kohlensäurepartialdruckes werden hier jedoch nicht durch Temperaturvariation, sondern durch erhöhte CO_2-Konzentration in den Proben erreicht.

Der wesentliche Faktor für den Anstieg der Konzentration des ionisierten Calciums ist demnach auch hier die Konkurrenz zwischen den Wasserstoff- und den

Calciumionen um die Bindungsstellen an den Eiweißmolekülen. Infolgedessen steigt unter diesen Bedingungen die Konzentration des ionisierten Calciums im Plasma deutlich stärker an als in der Erythrozytensuspension und den anderen gemessenen Flüssigkeiten (Abb. 20).

Der Anstieg des ionisierten Calciums ist unter der Bedingung eines erhöhten pCO_2 in Normothermie direkt proportional der Eiweißkonzentration (s. Abb. 19), weil das Ausmaß der Änderung der Konzentration des ionisierten Calciums bestimmt wird von der Menge der Wasserstoffionen, die an Eiweißmoleküle gebunden werden. Das heißt, je mehr Eiweißmolekülbindungsstellen vorhanden sind, desto mehr Wasserstoffionen können gebunden und damit Calciumionen aus der Bindung verdrängt werden.

Zusätzlich könnte durch die unterschiedlichen Bikarbonatkonzentrationen das Ausmaß der respiratorischen Azidose im Vollblut und dessen Kompartimenten beeinflußt werden. Infolge der in den Erythrozyten vorhandenen Carboanhydrase [32, 80] ist der Anstieg der Bikarbonatkonzentration im Vollblut am größten, hingegen im Plasma am geringsten. Dies könnte ein weiterer Grund dafür sein, daß der Anstieg der Konzentration des ionisierten Calciums im Plasma am größten und in der Erythrozytensuspension am kleinsten ist. Durch die höhere Bikarbonatkonzentration wird vermehrt Calciumhydrogenkarbonat gebildet. Der Anstieg der Konzentration des ionisierten Calciums muß deshalb geringer sein. Ein Vergleich der im offenen System durch Temperaturerniedrigung auf 21 °C bei konstantem pCO_2 von 40 Torr oder durch erhöhten pCO_2 von 80–100 Torr bei konstanter Temperatur hervorgerufenen pH-Veränderungen ergibt sehr ähnliche Werte. Folgerichtig sind auch die bei 37 °C gemessenen pH-Werte der Experimente bei Hypothermie im offenen System (vgl. Abb. 10) sowie diejenigen bei normothermer respiratorischer Azidose (vgl. Abb. 7, 19, 22) ähnlich.

Synopse: In der zusammenfassenden Betrachtung der Beziehung zwischen Temperaturvariation und Veränderungen der Konzentration des ionisierten Calciums in den verschiedenen Kreislaufmodellen ergibt sich folgendes Bild: Im offenen System kommt es sowohl bei Temperaturerniedrigung als auch bei normothermem pCO_2-Anstieg im Vollblut und seinen Kompartimenten zu einem unterschiedlich starken Anstieg der Konzentration des ionisierten Calciums. Dabei ist die Zahl der freien Calciumbindungsstellen am Eiweißmolekül eine Funktion der Menge der *gebundenen* Wasserstoffionen und nicht der freien Wasserstoffionen, die durch den pH-Wert erfaßt werden.

Auf den Anstieg der Konzentration des ionisierten Calciums hat deshalb weniger die aktuelle Konzentration der freien Wasserstoffionen, die als „pH-Wert" meßbar ist, einen Einfluß. Vielmehr ist die Zahl der gebundenen Wasserstoffionen die relevante Größe, die aber nicht direkt meßbar ist.

Das Verhalten der Konzentration des ionisierten Calciums in den 3 Systemen des Kreislaufmodells läßt sich durch eine Darstellung der prozentualen Veränderungen am besten vergleichbar machen: Abbildung 32 zeigt, daß sich im Kreislaufmodell bei Abkühlung von 37 °C auf 21 °C unter Luftabschluß die Konzentrationswerte des ionisierten Calciums im Vollblut und seinen Kompartimenten praktisch nicht verändern, obwohl durch die anaerobe Glycolyse eine geringgradige Azidose entsteht. Dieses Ergebnis entspricht auch den Vorstellun-

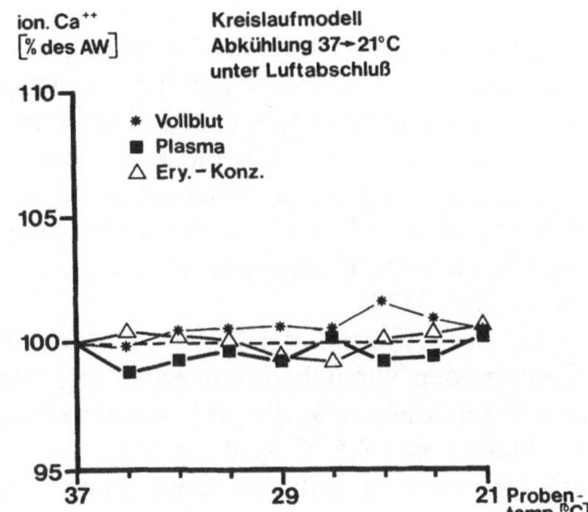

Abb. 32. Verhalten der Konzentration des ionisierten Calciums bei Abkühlung unter Luftabschluß (geschlossenes System)

gen von Feistel [30], der in anaerob 1 h lang bei 37 °C und 20 °C gelagerten Blutproben keine signifikanten Veränderungen der Calciumaktivität gefunden hat.

Dagegen sind in der Abbildung 33 bei Abkühlung von 37 °C auf 21 °C im offenen System durchaus Anstiege der Konzentration des ionisierten Calciums erkennbar. Bei Abkühlung im offenen System steigt hier die Konzentration des ionisierten Calciums im Plasma um 21%, im Vollblut um 10%, in dem Gemisch

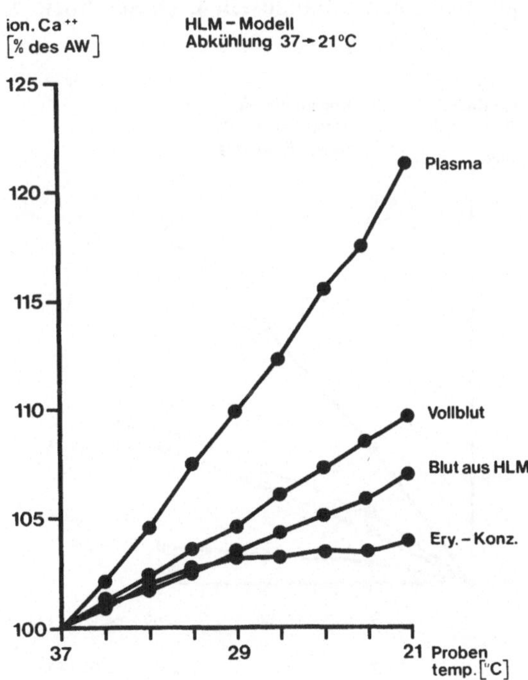

Abb. 33. Verhalten der Konzentration des ionisierten Calciums bei Abkühlung von 37 °C auf 21 °C im offenen System

aus Patientenblut und Primärfüllung der Herz-Lungen-Maschine (Blut aus HLM) um 8% und in der Erythrozytensuspension um lediglich 4% an.

Bei konstanter Temperatur und stufenweise erhöhter fraktioneller CO_2-Konzentration (Abb. 34) steigt die Konzentration des ionisierten Calciums im Vollblut und seinen Kompartimenten ebenfalls an. Diese Anstiege sind hier jedoch geringfügig niedriger als in der Versuchsreihe mit Hypothermie im offenen System bei nahezu identischen Ausgangs- und Endwerten für pH und pCO_2, gemessen bei 37 °C.

Aus der Differenz der Endwerte der Konzentration des ionisierten Calciums dieser beiden Versuchsreihen ergibt sich, daß der Anstieg der Konzentration des ionisierten Calciums, der auf Temperaturabsenkung um 16 °C zu beziehen ist, im Plasma nur 4,5 °C und im Vollblut sogar nur 2,3 °C beträgt. Daraus muß gefolgert werden, daß die Anwendung eines „Rosenthal-Faktors" für die Konzentration des ionisierten Calciums zumindest für die Klinik nicht notwendig ist.

Zu ähnlichen Erkenntnissen kommt Fogh-Andersen [41]. Er hat seine Werte allerdings nicht durch Messung ermittelt, sondern er benutzt von anderen Autoren früher genannte Teilergebnisse und errechnet daraus den Temperatureffekt auf den Anstieg der Konzentration der freien Calciumionen im Vollblut mit 0,0075 mmol pro Grad Temperaturunterschied. Nach seiner Berechnung müßten demnach die im Serum oder Vollblut bei 20 °C gemessenen Konzentrationen des ionisierten Calciums im Vergleich zu 37 °C um 6% (für Serum) bzw. um 3% (für Vollblut) höher sein.

Die allein durch Temperatursenkung verursachten Anstiege der Konzentration des ionisierten Calciums sind also sehr gering und für die klinische Praxis als nicht relevant anzusehen. Dieser Ansicht ist auch Siggard-Andersen [87], der

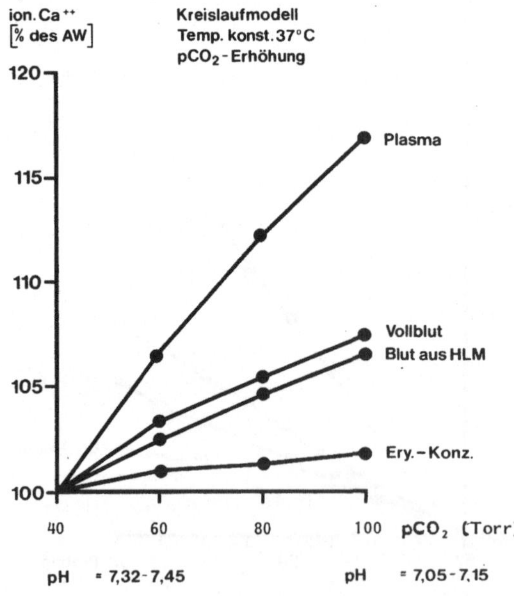

Abb. 34. Verhalten der Konzentration des ionisierten Calciums in Normothermie und stufenweise erhöhter fraktioneller pCO_2-Konzentration im Gasgemisch

einer auf 37 °C temperaturkorrigierten Berechnung der Konzentration des ionisierten Calciums zur wirklichen Temperatur des Patienten nur eine minimale praktische Bedeutung zumißt. Unsere Untersuchungen zeigen, daß nur die Hypothermie im offenen System zu gewissen Erhöhungen der Konzentration des ionisierten Calciums führt, aber nicht die Hypothermie im geschlossenen System. Eine entsprechende Zunahme tritt darüber hinaus dann ein, wenn eine reine respiratorische Azidose besteht.

Abbildung 35 zeigt noch einmal modellhaft die in dieser Arbeit untersuchten Zusammenhänge. Die Konzentration des ionisierten Calciums ist einerseits abhängig von der Konzentration der Komplexbildner (L^{n-}) und andererseits von der Konzentration der Eiweißmoleküle (Prot $^{2-}$). Bei unveränderter Konzentration der Komplexbildner muß also im wesentlichen die Konzentration der an Eiweißmoleküle gebundenen Wasserstoffionen für die Verschiebung des Gleichgewichtes zwischen dem proteingebundenen und dem ionisierten Calcium verantwortlich sein. Hierbei ist die Konkurrenz zwischen den Calcium- und den Wasserstoffionen um die Bindung an Eiweißmoleküle die Erklärung für den Anstieg der Konzentration des ionisierten Calciums bei Abfall des pH-Wertes.

Sowohl unsere in vitro-Versuchsreihen als auch die Befunde der klinischen Untersuchung haben gezeigt, daß bei konstanter Temperatur und steigendem pCO_2 sich der gleiche Effekt ergibt wie bei konstantem pCO_2 und sinkender Temperatur (Zunahme des gelösten CO_2). Es kommt zur vermehrten Bindung von Wasserstoffionen an Eiweißmoleküle. Dies führt zur vermehrten Freisetzung bisher gebundener Calciumionen. Dadurch wird die Fraktion der freien Calciumionen vergrößert.

Entscheidend für akute Veränderungen der Konzentration des ionisierten Calciums ist deshalb

1) die Summe der Eiweißmoleküle,
2) die Zahl der durch Wasserstoffionen besetzten Calciumbindungsstellen an den Eiweißmolekülen.

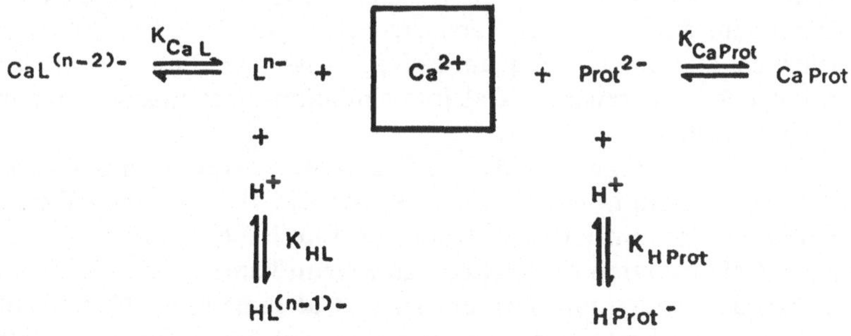

CaL$^{(n-2)-}$ $\overset{K_{CaL}}{\rightleftharpoons}$ L^{n-} +   Ca^{2+} +   Prot^{2-} $\overset{K_{CaProt}}{\rightleftharpoons}$ Ca Prot
+
H$^+$
K_{HL}
HL$^{(n-1)-}$
+
H$^+$
K_{HProt}
HProt$^-$

Abb. 35. Gleichgewicht zwischen proteingebundenem, komplexgebundenem und ionisiertem Calcium (nach [66]).
$CaL^{(n-2)}$ = Calcium-Ligand-Komplex; L^{n-} = Ligand (z. B. Phosphat, Bikarbonat etc.) $HL^{(n-1)}$ = Wasserstoff-Ligand-Komplex; $Prot^{2-}$ = Eiweiß; $CaProt$ = Calcium-Eiweiß-Bindung; $HProt^-$ = Wasserstoff-Eiweiß-Bindung; Ca^{2+} = ionisiertes Calcium

4.2 Klinische Untersuchungen

Die hypotherme extrakorporale Zirkulation ist eine recht gut untersuchte klinische Situation. Bekannt ist, daß während und nach der extrakorporalen Zirkulation die Konzentrationen aller Elektrolyte im Blut z. T. erheblichen Schwankungen unterworfen sind. Zu Beginn der extrakorporalen Zirkulation sinken als Folge der durch die Primärfüllung der Herz-Lungen-Maschine verursachten Hämodilution außerdem die Konzentration des Gesamteiweißes sowie der Hb-Wert und der Hämatokrit auf etwa 60% des Ausgangswertes ab [23, 44, 50, 73, 101, 105]. Im weiteren Verlauf der extrakorporalen Zirkulation kommen unter Umständen Bluttransfusion, Elektrolytsubstitution, Diurese und Absaugen von Blut aus dem Operationsgebiet hinzu.

Die Veränderungen der Konzentration des Gesamt- und des ionisierten Calciums unter diesen Bedingungen sind wenig und mit unterschiedlicher Methodik untersucht. Die Frage nach dem Ausmaß der im Rahmen einer extrakorporalen Zirkulation auftretenden Reduktion der Konzentration des ionisierten Calciums und einer evtl. notwendig werdenden Substitutionstherapie wird dabei von den Autoren recht unterschiedlich beantwortet [6, 40, 60, 98, 99]. Gerade in der Situation der extrakorporalen Zirkulation und hier besonders bei Wiederbeginn der normalen Herzaktion während der Wiedererwärmungsphase kommt dem Calcium aber eine besondere Bedeutung zu. Für die Homöostase des ionisierten Calciums während der extrakorporalen Zirkulation sind, wie die in vitro-Versuchsreihen im geschlossenen und offenen System gezeigt haben, v. a. die Veränderungen der Säure-Basen-Parameter von Bedeutung. In vivo kommen die körpereigenen Mechanismen der Calciumregulation hinzu (PTH, Calcitonin, 1,25-DHHC). Diese Wirkungen können außerdem durch die aus klinischen Gründen notwendige Zufuhr teilweise großer Mengen calciumbindender Substanzen wie Laktat, Hydrogenkarbonat, Proteine, Citratblut und Protaminsulfat kompliziert werden. Z. B. haben eigene Untersuchungen über den Einfluß von Citratbluttransfusionen auf die Konzentration des ionisierten Calciums gezeigt, daß – abhängig von der Transfusionsrate – eine Erniedrigung des ionisierten Calciums auf bis zu 40% des Ausgangswertes möglich ist [76].

Auch von den anderen o. g. Substanzen ist ihre Fähigkeit, Calcium komplex zu binden, durch in vitro-Versuche belegt [32, 71, 72, 81, 83]. Im Organismus scheinen allerdings die quantitativen Aussagen dieser in vitro-Versuche aufgrund der körpereigenen Calciumregulationsmechanismen nur mit Einschränkung zu gelten.

So berichtet Vogel [99], daß zu Beginn der extrakorporalen Zirkulation verabreichtes Heparin in einer Dosierung von 375 IE/kg keinen Effekt auf die Konzentration des ionisierten Calciums im Blut habe. Yoshioka [105] fand während der extrakorporalen Zirkulation keine signifikanten Veränderungen der Konzentration des totalen und des ionisierten Calciums unter Normo- bzw. Hypothermie. Der Autor erklärt dies mit der schnellen Freisetzung von Calciumionen aus der Eiweißbindung zu Beginn der Hämodilution.

Aus der Sicht der Fragestellung dieser Arbeit ist die besonders interessierende Phase der extrakorporalen Zirkulation die der Wiedererwärmung von der tiefsten bis zur höchsten Temperatur des venösen Blutes. Wie im Ergebnisteil gezeigt worden ist, verändert sich in diesem Zeitabschnitt außer der Blut- und Körpertemperatur auch der pH-Wert und der Anteil des ionisierten Calciums am Gesamtcalcium, das selbst praktisch konstant bleibt (Abb. 22).

Ein direkter Vergleich der Ergebnisse der klinischen Untersuchungen mit den in vitro-Versuchen „Abkühlung von 37 °C auf 21 °C bei konstantem pCO_2 im Oxygenator" ist allerdings deshalb kaum möglich, weil während der Phase der Wiedererwärmung der Patienten die CO_2-Konzentration im Gasgemisch jeweils so variiert wird, daß der temperaturkorrigierte, aktuelle pH-Wert konstant bei 7,4 bleibt. Die Ergebnisse unserer klinischen Untersuchungen zeigen aber, daß Temperatur- und pH-Wert-Veränderungen in der Aufwärmphase am Ende der extrakorporalen Zirkulation in der Summe einen Abfall der Konzentration des ionisierten Calciums um im Mittel 7–10% bewirken (Abb. 25).

Die bei den klinischen Untersuchungen gefundene Verringerung der Konzentration des ionisierten Calciums in der Aufwärmphase geht nicht mit einer von verschiedenen Autoren beobachteten Abnahme des Gesamtcalciums einher. Sie entspricht vielmehr unseren Ergebnissen im Versuchsmodell der Hypothermie im offenen System, die zeigen, daß Veränderungen der Säure-Basen-Parameter die Eiweißbindung von Calciumionen und damit die Fraktion des ionisierten Calciums verändern.

Während der Gleichgewichtsphase der *hypothermen* extrakorporalen Zirkulation liegt der bei 37 °C gemessene pH-Wert infolge normalem pCO_2 im hypothermen Milieu im sauren Bereich. Die CO_2-Beimischung ist gesteigert, um eine hypothermiebedingt zunehmende Lösung des CO_2 zu kompensieren und eine damit verbundene zerebrale Vasokonstriktion mit Abnahme der Hirndurchblutung zu vermeiden. Allerdings ist die Wirkung des CO_2 auf den Tonus der Gefäße in Hypothermie nicht einwandfrei geklärt. Der normale pCO_2 von 40 Torr im hypothermen Milieu bewirkt eine Erhöhung der Wasserstoffionenkonzentration und damit eine Verdrängung der Calciumionen aus der Eiweißbindung. Die Folge ist, wie in den in vitro-Versuchsreihen beschrieben (vgl. Abb. 8, 9), ein Anstieg der Konzentration der freien Calciumionen.

Wenn in der Aufwärmphase gegen Ende der extrakorporalen Zirkulation die Bluttemperatur erhöht wird, kann die CO_2-Beimischung reduziert werden, da die Löslichkeit von CO_2 wieder abnimmt. Als Folge verringert sich die Bindung der Wasserstoffionen an die Eiweißmoleküle wieder, und es können statt dessen vermehrt freie Calciumionen gebunden werden. Obwohl in unseren klinischen Untersuchungen die Randbedingungen nicht wie in den in vitro-Versuchsreihen konstant gehalten werden konnten, sind doch diese Zusammenhänge zwischen Temperatur, pH-Wert und Konzentration des ionisierten Calciums grundsätzlich auch hier zu erkennen (Abb. 22).

Van der Veen [98] beobachtete in einer ähnlichen, allerdings tierexperimentellen Studie bei Ende der extrakorporalen Zirkulation ebenfalls einen Abfall der Konzentration des ionisierten Calciums. Er ist jedoch nicht in der Lage, diesen Vorgang zu erklären und eine Beziehung zwischen der Temperaturveränderung und der Konzentration des ionisierten Calciums zu definieren. Die Ursache hierfür könnte sein, daß der Autor die Rektaltemperatur und nicht die venöse Bluttemperatur, wie in unseren Untersuchungen, als relevanten Parameter gewählt hat (Abb. 23). Kunkel et al. [50] haben in einer klinischen Arbeit die Effekte der tiefen Hypothermie u. a. auf Säure-Basen-Parameter und Elektrolyte untersucht. Sie haben sich dabei auch besonders der Aufwärmphase am Ende der extrakorporalen Zirkulation zugewandt. Die Autoren fanden u. a. den auf die aktuelle Körpertemperatur korrigierten pH-Wert ebenso wie den „Serum-Calcium-Spiegel" unverändert während der gesamten extrakorporalen Zirkulation im Normbereich. Sowohl der gemessene Wert für Calcium mit 2,76 mmol/l als auch die angewandte Meßmethode lassen jedoch vermuten, daß sie die Konzentration des *Gesamt*calciums gemessen haben. Aufgrund dieser fehlenden Differenzierung zwischen Gesamtcalcium und ionisiertem Calcium ist die Untersuchung deshalb unvollständig und erlaubt keine prinzipiellen Rückschlüsse.

In den eigenen Untersuchungen kommt zum Ausdruck, daß gegen Ende der extrakorporalen Zirkulation die Konzentration des ionisierten Calciums sinkt (Abb. 22). Das Ausmaß der Erniedrigung wird durch verschiedene zusätzliche Faktoren nach Beendigung der extrakorporalen Zirkulation unter Umständen verstärkt: üblicherweise wird Protaminsulfat zur Aufhebung der durch Heparin verursachten Gerinnungshemmung gegeben. Dazu kommt neben einer evtl. notwendigen Korrektur einer metabolischen Azidose mit Hydrogenkarbonat eine z. T. erhebliche Citratzufuhr durch Transfusion von Konservenblut sowie möglicherweise die Gabe von Humanalbumin. Dies alles sind weitere Ursachen für eine Verringerung der Konzentration des ionisierten Calciums im Blut [76].

Die Beziehung zwischen dem Plasmaspiegel des ionisierten Calciums und den postoperativen Störungen der Herzfunktion werden sowohl experimentell als auch klinisch erheblich unterschiedlich dargestellt [6, 9, 23, 26]. Obwohl in den klinischen Untersuchungen fast immer nach Ende der extrakorporalen Zirkulation eine Hypokalzämie im Sinne eines Absinkens der Konzentration des *ionisierten* Calciums gefunden wird, existiert aber offenbar keine Korrelation zu der ebenfalls beobachteten Reduktion der myokardialen Kontraktilität.

Auffant et al. [6] glauben nicht, daß diese Hypokalzämie alleinige Ursache für die kardiovaskuläre Depression sein kann. Nach unseren Ergebnissen ist diese vorübergehende kardiovaskuläre Depression weniger Ausdruck einer Hypokalzämie, sondern eher ein Zeichen der Erholung des Myokards von der Ischämiebelastung. Unterstützt wird diese Annahme durch Arbeiten von Drop [27]. Er hat demonstriert, daß die Pumpleistung des Herzens erst dann signifikant negativ beeinflußt wird, wenn der Plasmaspiegel des ionisierten Calciums etwa 0,7 mmol/l erreicht.

Um jedoch die Konzentration des ionisierten Calciums nicht in kritische Bereiche unter 0,9 mmol/l fallen zu lassen, ist es in der Klinik oft üblich, prophylaktisch nach der extrakorporalen Zirkulation Calcium zuzuführen. Vereinzelte kritische Stimmen weisen aber darauf hin, daß z. B. bei der Reperfusion des Myokards, das vorher ischämisch war, die Gefahr einer intrazellulären Calciumüberladung bestehen könne. Sie warnen deshalb vor einer routinemäßigen Gabe von Calcium nach Ende der extrakorporalen Zirkulation [23, 40, 100]. Nur in bestimmten Situationen, wie z. B. Citratbluttransfusionen, halten sie die Gabe von Calcium für notwendig.

Die Entscheidung, am Ende der extrakorporalen Zirkulation Calcium zuzuführen, sollte möglichst nicht ohne vorherige Messung der Konzentration des ionisierten Calciums getroffen werden. Wenn eine solche Messung nicht möglich ist, empfiehlt Westhorpe [101] eine Dosierungsgrenze von 10 mg/kg KG Calciumchlorid in den ersten 30 min nach Ende der extrakorporalen Zirkulation. Besser ist unserer Meinung nach jedoch, das ionisierte Calcium tatsächlich zu messen und die Zufuhr so zu dosieren, daß der Wert im Normbereich liegt. Neuerdings besteht sogar, zumindest im Tierexperiment, die Möglichkeit zur kontinuierlichen Messung der Konzentration des ionisierten Calciums [24, 39].

Während die Frage nach der routinemäßigen Gabe von Calcium am Ende der extrakorporalen Zirkulation in der Literatur kontrovers diskutiert wird, besteht jedoch weitgehend Einigkeit darüber, daß zur Calciumsubstitution nur Calciumchlorid verwendet werden sollte [6, 60, 83, 101]. White et al. [102] haben in einer klinischen Studie nachgewiesen, daß bei einer ionenäquivalenten Dosierung von verschiedenen Calciumsalzen nur Calciumchlorid zu einem Anstieg des Gesamt-, aber v. a. des ionisierten Calciums führt. Moffit et al. [60] kommen zu dem gleichen Ergebnis. Sie konnten aber ebensowenig wie andere Autoren [6, 102] eine Korrelation zwischen der verabreichten Menge Calciumchlorid und der Verbesserung der Hämodynamik feststellen. Dies gilt auch für Calciumglukonat, bei dessen intravenöser Gabe (300–500 mg) van der Veen [98] keine dauerhafte Verbesserung der Hämodynamik feststellen konnte, obwohl, ausgehend von Normalwerten, der Plasmaspiegel des ionisierten Calciums um 13% angestiegen war.

Aus der Erkenntnis heraus, daß die Effizienz der verschiedenen Calciumpräparate von der effektiven Steigerung der Konzentration der freien Calciumionen im Blut abhängig ist, kommen Scheidegger u. Drop [83] zu der Empfehlung, sich in einer Klinik auf *ein* Calciumpräparat, in ihrer Klinik ebenfalls Calciumchlorid, zu einigen, um gefährliche Dosierungsprobleme zu vermeiden.

4.3 Bedeutung der Befunde für die klinische Praxis

Die Auswertung der Ergebnisse dieser Arbeit für die praktische klinische Tätigkeit betrifft die klinische Relevanz der Messung der Konzentration des ionisierten Calciums und die Interpretation der Meßergebnisse sowie eventuelle Korrekturmaßnahmen. Weder Gesamt- noch ionisiertes Calcium gehören z. Z. zu den in der Klinik routinemäßig gemessenen Elektrolyten. Lediglich in bestimmten Situationen wird Calcium gemessen. Dazu gehören beispielsweise Krankheitsbilder in Verbindung mit Karzinommetastasen im Knochen oder Schilddrüsenerkrankungen. In der Chirurgie ist selbst bei Citratbluttransfusion die Messung von Calcium kaum üblich. Routinemäßig wird Calcium lediglich in der Herzchirurgie während der extrakorporalen Zirkulation gemessen.

In all diesen Situationen wird jedoch fast immer nur die Konzentration des Gesamtcalciums gemessen, interpretiert und ggf. korrigiert. Gerade in akuten Situationen, wie z. B. der extrakorporalen Zirkulation, ist die alleinige Messung des Gesamtcalciums aber unzureichend. Wie in den Ergebnissen der klinischen Untersuchung gezeigt werden konnte, verändert sich die Eiweißbindung und damit die Konzentration des ionisierten Calciums in Abhängigkeit vom jeweiligen pH-Wert. Aus anderer Ursache (Komplexbindung von ionisiertem Calcium durch Citrat) kommt es z. B. bei der Massivtransfusion von Citratblut zumindest kurzfristig zu gravierenden Absenkungen der Konzentration des ionisierten Calciums [76].

Dieser Sachverhalt ist in einer anderen klinischen Studie exemplarisch untersucht worden. Bei insgesamt 12 Patienten wurde in Allgemeinnarkose (NLA) je eine Citratblutkonserve (CPDA-1) transfundiert. Während und 30 min nach Ende der Transfusion kam es zu keiner größeren Volumenverschiebung durch Verlust oder Zufuhr.

Eine Gruppe von 6 Patienten hatte sich allgemeinchirurgischen Eingriffen zu unterziehen. Die Transfusionsdauer betrug 5–15 min. Dementsprechend lag die Transfusionsrate zwischen 0,5 und 1,8 ml/min kg KG. Eine andere Gruppe setzte sich aus Patienten zusammen, die sich einer Operation am offenen Herzen in extrakorporaler Zirkulation (EKZ) unterzogen. Während der EKZ wurde das Citratblut in einem hämodynamischen Gleichgewichtszustand in 90–180 s über die Herz-Lungen-Maschine (HLM) transfundiert. Die Transfusionsrate betrug hier 2,0–10,4 ml/min kg KG.

Die Veränderungen der Konzentration des ionisierten Calciums während und 30 min nach Transfusionsende bei allgemeinchirurgischen Patienten sind in Abbildung 36 dargestellt. Abhängig von der Transfusionsrate kommt es am Ende der Transfusion zum stärksten Abfall um etwa 30%. Sofort mit Transfusionsende steigt die Konzentration des ionisierten Calciums kontinuierlich an, hat jedoch nach 30 min den Ausgangswert noch nicht erreicht.

Da die mit Hilfe der HLM erzielten Transfusionsraten bei den herzchirurgischen Patienten wesentlich größer waren, kam es dort zur Abnahme des ionisierten Calciums auf fast die Hälfte des Ausgangswertes. Auch in diesen Fällen setzte mit Transfusionsende ein Wiederanstieg ein, der sich jedoch weniger steil vollzog. Es zeigte sich also, daß die Transfusionsrate des Citratblutes der entscheidende Faktor für die Abnahme des ionisierten Calciums ist. Andererseits setzte der Wiederanstieg sofort nach Beendigung der Citratzufuhr ein. Im Gegensatz zu dem deutlichen Abfall des ionisierten Calciums blieben die Verände-

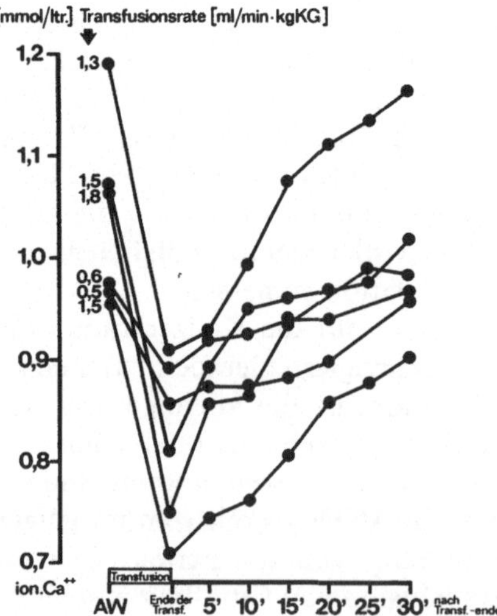

Abb. 36. Abfall des ionisierten Calciums im Serum nach Transfusion einer CPDA-1-Blut-Konserve bei unterschiedlicher Transfusionsdauer

rungen des Gesamtcalciums im Meßfehlerbereich. Auch die weiteren gemessenen Parameter zeigten unter der Verabreichung der Citratblutkonserve keine relevanten Veränderungen. Es fiel lediglich auf, daß bei den allgemeinchirurgischen Patienten mit hoher Transfusionsrate während der Dauer der Transfusion und wenige Minuten danach eine geringe Abnahme des arteriellen Blutdruckes und ein gleichzeitiger Anstieg der Herzfrequenz eintraten.

Bei fast gleichbleibendem proteingebundenen und steigenden komplexgebundenen Anteil sinkt der ionisierte Calciumanteil bis zur Hälfte des Ausgangswertes ab, ohne daß dies bei alleiniger Messung der Gesamtcalciumkonzentration überhaupt erkennbar wäre. Es ist deshalb zu fordern, daß zumindest in bestimmten Situationen wie z. B. der Massivtransfusion oder während und nach der extrakorporalen Zirkulation der ionisierte Calciumanteil mittels ionenselektiver Elektrode bestimmt wird. Nur so läßt sich eine Hypokalzämie erkennen und kontrolliert therapieren. Bei Transfusionsraten bis zu 1,5 ml/min kg KG Citratblut ist nicht mit schwerwiegenden Störungen der Calciumverteilung zu rechnen. Höhere Transfusionsraten jedoch lassen auf jeden Fall ein kritisches Absinken des ionisierten Calciums erwarten.

Für die Klinik kann deshalb als Faustregel gelten, daß bei stabilen Kreislaufverhältnissen einem normalgewichtigen Patienten (ca. 70 kg) eine Citratblutkonserve in mindestens 5 min transfundiert werden kann, ohne daß mit einer Hypokalzämie gerechnet werden muß. Anders hingegen ist es bei Polytraumatisierten, bei denen eine Massivtransfusion erforderlich ist. Hier geht einerseits calciumreiches Blut verloren, andererseits wird Calcium durch Citrat und Bikarbonat komplexgebunden und der proteingebundene Calciumanteil durch Eiweißpräparate erhöht [1].

Nach Drop [26] kann die schnelle Infusion von Albumin zu einer vorübergehenden kritischen Erniedrigung der Konzentration des ionisierten Calciums führen und damit einen deutlichen Abfall des Blutdruckes und der Pumpleistung des Herzens verursachen. Dies alles führt zum Absinken des ionisierten Calciumanteils auf kritische Werte. Die Gegenregulation durch Citratabbau in der Leber kann bei einer Schocksymptomatik ebenso überfordert sein wie die Freisetzung von Calcium aus dem nicht ausreichend perfundierten Knochen durch Parathormon [2]. Auf die Bedeutung des ionisierten Calciums für die Gerinnungskaskade wird hier lediglich hingewiesen. Entsprechend der o. g. Faustregel ist also zumindest bei einer Massivtransfusionsrate von über 1,8 ml/min kg KG eine Substitution von Calcium zu empfehlen, die durch Messung des ionisierten Calciums kontrolliert werden sollte.

Sowohl unsere klinischen Untersuchungen als auch die Versuchsreihen am Kreislaufmodell haben gesetzmäßige Veränderungen der Konzentration des ionisierten Calciums in akuten Situationen aufgezeigt. Es ist offensichtlich, daß die freien Calciumionen nicht nur als eine Teilmenge des Gesamtcalciums zu sehen sind, sondern unabhängig variieren können, was bei alleiniger Messung des Gesamtcalciums nicht erkannt wird. Dementsprechend muß der Messung der Konzentration des ionisierten Calciums in akuten Situationen eine weitaus größere Bedeutung zugewiesen werden als bisher. Dies gilt besonders für die Fälle, in denen Konzentrationsänderungen der H-Ionen, der Komplexbildner und des Eiweißes einen erheblichen Einfluß auf die Konzentration des ionisierten Calciums ausüben können. Zu solchen akuten Situationen zählen neben der extrakorporalen Zirkulation und der Massivcitratbluttransfusion auch der Einsatz von Calcium in der Reanimation [45, 85].

Bezogen auf die Interaktionen zwischen Temperatur, pH-Wert und Konzentration des ionisierten Calciums ist die hypotherme extrakorporale Zirkulation ein beeindruckendes Beispiel für die Bedeutung der Messung der Konzentration des ionisierten Calciums. Anhand der Fehlinterpretation des Gesamtcalciums in der Arbeit von Kunkel et al. [50] wird dies sehr deutlich. Simultan zur Messung der Konzentration des ionisierten Calciums sollten aber auch pH-Wert und evtl. Gesamteiweiß gemessen werden. Diese Randbedingungen müssen bekannt sein, um den gemessenen Wert der Konzentration des ionisierten Calciums interpretieren zu können. Nur so ist zwischen einer pH-Wert-bedingten Abweichung und einer Änderung des Meßwertes aus anderer Ursache (z. B. Hyproteinämie) zu unterscheiden. Dahingegen ist nach unseren Befunden die Anwendung eines Temperatur-Korrekturfaktors analog dem „Rosenthal-Faktor" nicht notwendig.

5 Zusammenfassung

Gesamtcalcium im Blut besteht bei physiologischem Säure-Basen-Status und Plasmaeiweißgehalt aus einem eiweißgebundenen (33%) und einem komplexgebundenen Anteil (15%) sowie den freien Calciumionen (52%). Allein die freien Calciumionen sind biologisch aktiv. Sie stehen insbesondere mit der Fraktion des eiweißgebundenen Calciums im Gleichgewicht. In 3 in vitro-Versuchsreihen sollte geprüft werden, ob und welche gesetzmäßigen Veränderungen der Konzentration der freien Calciumionen in Abhängigkeit von Temperaturvariationen oder Verschiebungen des pH-Wertes bestehen.

In einem Kreislaufmodell wurden deshalb Vollblut, dessen Kompartimente Plasma und Erythrozytensuspension sowie ein Gemisch aus Primärfüllung der Herz-Lungen-Maschine und Patientenblut unter verschiedenen Bedingungen untersucht:

- in Hypothermie im geschlossenen System
  (Abkühlung von 37 °C auf 21 °C bei konstantem CO_2-Gehalt unter Luftabschluß);
- in Hypothermie im offenen System
  (Abkühlung von 37 °C auf 21 °C bei konstantem pCO_2 im Oxygenator);
- in normothermer respiratorischer Azidose
  (Veränderungen des pH-Wertes durch erhöhte fraktionelle CO_2-Konzentration im Gasgemisch).

Ergänzend wurden in einer klinischen Untersuchung bei 9 Patienten während der Aufwärmphase am Ende der extrakorporalen Zirkulation im Rahmen einer Operation am offenen Herzen neben den klinisch notwendigen Parametern auch die Veränderungen der Konzentration der freien Calciumionen gemessen.

Die *in vitro-Versuchsreihen* haben zu folgenden Ergebnissen geführt:

1) Abkühlung einer Blutprobe unter Luftabschluß führt in Abhängigkeit von der Zeit zu einem geringgradigen Abfall des pH-Wertes. Ursache ist der Stoffwechsel der zellulären Bestandteile des Blutes, der zu einer Laktatazidose führt. Diese hat jedoch in ihrem geringen Ausmaß keinen signifikanten Einfluß auf die Konzentration der freien Calciumionen. Dementsprechend bleibt im geschlossenen System bei absinkender Temperatur die Konzentration des ionisierten Calciums weitgehend konstant.
2) Bei Abkühlung im offenen System nimmt bei konstanter CO_2-Zufuhr der CO_2-Gehalt in der Probe in Kälte zu, während der aktuelle CO_2-Druck konstant bleibt. Gleichzeitig werden vermehrt Wasserstoffionen an die Proteine gebunden und verdrängen Calciumionen aus ihren Bindungsstellen. Bei normalem Eiweißgehalt und einer Temperaturdifferenz von etwa 16 °C kann dies

eine Erhöhung der Konzentration des ionisierten Calciums um bis zu 10%
bewirken.

3) Die Veränderung des pH-Wertes in einer Probe durch fraktionelle Erhöhung
der CO_2-Konzentration im Gasgemisch bei konstanter Temperatur führt
ebenfalls durch die Konkurrenz zwischen Wasserstoff- und freien Calciumionen zu einem Anstieg der Konzentration des ionisierten Calciums. Wie bei
der Versuchsreihe in Hypothermie im offenen System ist auch hier der Anstieg der Konzentration des ionisierten Calciums im Plasma am größten und
in der Erythrozytensuspension am kleinsten.

Den beiden in vitro-Versuchsreihen im offenen System liegt das gleiche Prinzip
zugrunde. Bei konstanter Temperatur und steigendem pCO_2 ergibt sich der gleiche Effekt wie bei konstantem aktuellen pCO_2 und sinkender Temperatur. Es
kommt jeweils zu einer vermehrten Bindung von Wasserstoffionen an Eiweißmoleküle. Dies führt zu einer vermehrten Dissoziation bisher proteingebundener
Calciumionen. Dadurch wird die Fraktion der freien Calciumionen vergrößert.
Die Zahl der freien Calciumbindungsstellen am Eiweißmolekül ist dementsprechend eine direkte Funktion der Menge der *proteingebundenen* Wasserstoffionen
und nicht der freien Wasserstoffionen, die durch den pH-Wert erfaßt werden.

Diese Abhängigkeit der Relation „Konzentration der freien Calciumionen zu
Konzentration der Wasserstoffionen" von dem Eiweißgehalt ist auch die Ursache für die unterschiedlichen Verhaltensweisen der freien Calciumionen in
Plasma und Erythrozytensuspension. Im Plasma liegen bei normalem Eiweißgehalt etwa 0,9 mmol/l Calcium eiweißgebunden vor. Dementsprechend könnte
bei hoher Bindung von Wasserstoffionen bis zu 0,9 mmol/l Calcium aus der
Eiweißbindung verdrängt werden und als freie Calciumionen erscheinen. In der
extrem eiweißarmen Erythrozytensuspension können demgegenüber nur noch
wenige Calciumionen aus der Eiweißbindung verdrängt werden. Letztendlich
entscheidend für die Konzentration des ionisierten Calciums im Blut ist demnach die Summe der Eiweißmoleküle sowie die Zahl der durch Wasserstoffionen besetzten Calciumbindungsstellen an den Eiweißmolekülen.

Veränderungen des Aktivitätskoeffizienten in Abhängigkeit von der Temperatur führen – wie die Modellversuche gezeigt haben – zu keiner nennenswerten
Fehlbeurteilung, da diese Veränderungen im in Frage stehenden Bereich der Ionenstärke minimal sind und das biologisch aktive Calcium nur eine Fraktion des
ionisierten Calciums darstellt und damit absolut niedrig konzentriert ist. Weiterhin ergibt sich, daß die Erythrozyten zur Veränderung der Konzentration des
ionisierten Calciums nicht beitragen, weil intraerythrozytär (ca. 0,0001 mmol/l)
weitaus weniger Calcium vorhanden ist als extraerythrozytär (ca. 1,0 mmol/l),
und die an den Erythrozyten membrangebundene Calciumfraktion ebenfalls
sehr klein ist.

Die Untersuchungsergebnisse zeigen zusammenfassend folgendes Bild: Die
freien Calciumionen sind nicht einfach als eine *konstante* Fraktion der Gesamtcalciummenge zu sehen. Sie besitzen vielmehr eine Eigendynamik, die erheblich
von dem Eiweißgehalt im Blut und der jeweiligen Konzentration der proteingebundenen Wasserstoffionen beeinflußt wird. Der unmittelbare Einfluß der Temperatur auf die Konzentration der freien Calciumionen ist dagegen äußerst ge-

ring und klinisch nicht relevant. Es ist deshalb auch nicht sinnvoll, für die Temperaturabhängigkeit der Konzentration der freien Calciumionen einen Korrekturfaktor analog dem „Rosenthal-Faktor" einzuführen.

In der *klinischen Untersuchung* sind die Ergebnisse der in vitro-Versuchsreihen wegen der Komplexität der Ereignisse nicht so eindeutig aufzeigbar. Eine Differenzierung der Ursachen (Temperaturveränderung oder pH-Wert-Verschiebung) für Konzentrationsänderungen des ionisierten Calciums ist nicht ohne weiteres zu vollziehen. Dennoch ist auch bei Wiedererwärmung der Patienten am Ende der extrakorporalen Zirkulation ein Abfall der Konzentration der freien Calciumionen nachweisbar.

Für die *klinische Praxis* läßt sich aus den Ergebnissen folgern, daß die heute noch vielfach übliche alleinige Messung der Gesamtcalciumkonzentration im Blut keinen Anhalt für die aktuelle Konzentration der freien Calciumionen gibt. Veränderungen der Konzentration der freien Calciumionen können nur durch die direkte Messung mittels ionenselektiver Elektroden erkannt werden. Um die Meßwerte zu interpretieren und ggf. zu korrigieren, bedarf es außerdem der Messung des Gesamtcalciums, des pH-Wertes sowie möglichst auch des Gesamteiweißes. Besonders in akuten klinischen Situationen – wie z.B. während einer extrakorporalen Zirkulation oder einer schnellen Transfusion größerer Mengen Citratblutes – kommt dem Gesamtcalcium nicht die entscheidende Bedeutung zu. Das Gesamtcalcium kann normal sein, während die Konzentration der freien Calciumionen schon kritisch verändert ist.

Ein in diesem Zusammenhang nicht seltene klinische Situation stellt der Schockzustand polytraumatisierter Patienten dar, bei denen ein erheblicher Volumenersatz nötig ist. Hier geht einerseits calciumhaltiges Blut verloren, andererseits wird durch Citrat und Bikarbonat Calcium komplexgebunden und durch Eiweißpräparate der proteingebundene Calciumanteil erhöht. Dies alles führt zum Absinken des ionisierten Calciumanteils auf kritische Werte. Die Gegenregulation durch Citratabbau in der Leber kann bei einer Schocksituation aber ebenso überlastet sein wie die Freisetzung von Calcium aus dem nicht ausreichend perfundierten Knochen durch Parathormon.

Literaturverzeichnis

1. Abbott TR (1983) Changes in serum calcium fractions and citrate concentrations during massive blood transfusions and cardiopulmonary bypass. Br J Anaesth 55:753–760
2. Andritsch RF, Muravchick S, Gold MI (1981) Temperature correction of arterial blood-gas parameters: A comparative review of methodology. Anesthesiology 55:311–316
3. Anonymus (1977) Correcting the calcium. Br Med J 1:598
4. Arnold DE, Stansell MJ, Malvin HH (1968) Measurement of serum ionic calcium using a specific ion electrode. Am J Clin Pathol 49:627–634
5. Astrup G (1987) Die Wirkung von Thiopental-Na auf die Calcium-Konzentration im Blut. Anaesthesist 36:422–425
6. Auffant RA, Downs JB, Amick R (1981) Ionized calcium concentration and cardiovascular function after cardiopulmonary bypass. Arch Surg 116:1072–1076
7. Aziz O, Schindler JG, Dennhardt R (1978) Ein neues Verfahren für kontinuierliche in vivo-Messungen mit ionenselektiven Disk-Elektroden: Verlauf der K^+- und Ca^{++}-Konzentrationen im Blut nach Stoßinjektionen bei der wachen Ratte. Biomed Techn 23:194–197
8. Baller D, Wolpers HG, Schräder R, Hoeft A, Korb H et al (1983) Paradoxical effects of catecholamines and calcium on myocardial function in moderate hypothermia. Thorac Cardiovasc Surg 31:131–138
9. Band DM, Broadway JW (1979) Some effects of pH on plasma calcium in the human and cat. J Physiol 289:38P
10. Band DM, Heining MPD, Linton RAF (1983) The in vitro temperature coefficient for plasma ionized calcium. J Physiol 293:31P
11. Becker H, Vinten-Johansen J, Buckberg GD, Robertson JM, Leaf JD et al (1981) Myocardial damage caused by keeping pH 7.40 during systemic deep hypothermia. J Thorac Cardiovasc Surg 82:810–820
12. Black PR, van Devanter S, Cohn LH (1976) Current research review: Effects of hypothermia on systemic and organ system metabolism and function. J Surg Res 20:49–63
13. Blayo MC, Lecompte Y, Pocidalo JJ (1980) Control of acid-base status during hypothermia in man. Resp Physiol 42:287–298
14. Branegård B, Österberg P (1974) An equilibrium model for the calcium ion reactions of blood plasma. Clin Chim Acta 54:55–64
15. Brauman J, Delvigne Ch, Deconinck I, Willems D (1983) Factors effecting the determination of ionized calcium in blood. Scand J Clin Lab Invest (Suppl) 165, 43:27–31
16. Bretschneider HJ (1980) Myocardial protection. Thorac Cardiovasc Surg 28:295–302
17. Bretschneider HJ (1982) Stoffwechselstörungen bei Unterkühlung. 2. Symposium der Deutschen Gesellschaft zur Rettung Schiffbrüchiger, Cuxhaven
18. Bristow MR, Schwartz HD, Binetti G, Harrison DC, Daniels JR (1977) Ionized calcium and the heart: Elucidation of in vivo concentration-response relationships in the open-chest dog. Circ Res 41:565–573
19. Buckley, BM, Smith SCH, Heath DA, Bold AM (1983) Clinical studies on ionized calcium using the radiometer ICA 1 analyzer. Scand J Clin Lab Invest (Suppl) 165, 43:87–92
20. Butler SJ, Payne RB (1983) Nova 2 ionized calcium analyzer: Imprecision bias, and protein interference. Clin Chem 29:585–586
21. Cammann K (1977) Das Arbeiten mit ionenselektiven Elektroden. Springer, Berlin Heidelberg New York
22. Conceicao SC, Ward MK, Alvarez-Ude F, Aljama P, Smith P et al (1978) Determination of serum ionised calcium by ion-exchange electrode in normal subjects. Clin Chim Acta 86:143–151

23. Davies AB, Poole-Wilson PA (1981) Whole blood calcium activity during cardiopulmonary bypass. Intensive Care 7:213–216
24. Dennhardt R, Konder H, Schindler JG (1981) Kontinuierliche kationenselektive Direktmessung im strömenden Blut am Menschen. Anaesthesist 30:290–292
25. Digernes SB, Shragge BW, Blackstone EH, Conti VR (1980) Temperature dependence of the calcium paradox in the isolated working rat heart: Discrepancy between functional recovery and enzyme release. J Mol Cell Cardiol 12:511–517
26. Drop LJ, Scheidegger D (1980) Plasma ionized calcium concentration. J Thorac Cardiovasc Surg 79:425–431
27. Drop LJ, Johnson RG, Geffin GA, Haas GS, O'Keefe DD et al (1981) Ionized calcium: A major determinant of the left ventricular response to calcium infusion. A study in the dog under hemodynamically controlled conditions. Anesthesiology 55:A60
28. Drop LJ, Tochka LN, Misiano DR (1982) Comparative evaluation of two calcium ion-selective electrode systems, and their utility for monitoring steady-state changes in Ca^{2+}. Clin Chem 28:129–133
29. Eigen M (1963) Fast elementary steps in chemical reaction mechanisms. Pure Appl Chem 6:97–115
30. Feistel ChC, Matsuyma G, Wilcox A (1982) Comparison of free calcium ion and pH measurements in aerobic and anaerobic whole blood samples. Clin Chem 28:1631
31. Fogh-Andersen N (1977) Albumin/Calcium association at different pH, as determined by potentiometry. Clin Chem 23:2122–2126
32. Fogh-Andersen N, Christiansen TF, Komarmy L, Siggaard-Andersen O (1978) Measurement of free calcium ion in capillary blood and serum. Clin Chem 24:1545–1552
33. Fogt EJ, Eddy AR, Clemens A, Fox J, Heath H (1980) Use of electrochemical sensors for on-line monitoring of ionized calcium, potassium, and glucose in whole blood of living dogs. Clin Chem 26:1425–1429
34. Fuchs C, Paschen K, Spieckermann PG, v Westberg C (1972) Bestimmung des ionisierten Calciums im Serum mit einer ionenselektiven Durchflußelektrode: Methodik und Normalwerte. Klin Wschr 50:824–832
35. Fuchs C, Brasche M, Spieckermann PG, Kirchhoff G, Regensburger D (1975) Divalent ions and myocardial function during cardiopulmonary by-pass (CPB) changes of total calcium, ionized calcium, and magnesium in plasma. J Cardiovasc Surg 16:476–483
36. Fuchs C, Dorn D, McIntosh C, Scheler F (1976) Comparative calcium ion determinations in plasma and whole blood with a new calcium ion analyzer. Clin Chim Acta 67:99–102
37. Fuchs C (1981) Die Bestimmung des ionisierten Calciums mit dem NOVA 2-Analysator im klinischen Labor. Med Lab 34:108–111
38. Fyffe JA, Jenkins AS, Cohen HN (1980) An evaluation of the Nova 2 ionised calcium instrument. J Autom Chem 2:85–89
39. Greger R, Oberleithner H, Lang F, Sporer H (1980) Continuous in vivo measurement of plasma ionized calcium. Pflügers Arch 384:105–107
40. Gray R, Braunstein G, Krutzik S, Conklin C, Matlofe J (1980) Calcium homeostasis during coronary bypass surgery. Circulation 62:57–61
41. Grima JM, Brand MJD (1977) Activity and interference effects in measurement of ionized calcium with ionselective electrodes. Clin Chem 23:2048–2054
42. Gupta GS (1967) Effect of temperature on calcium interactions in normal human plasma. Indian J Biochem 4:188–191
43. Hansen SO, Theodorsen L (1971) The usefulness of an improved calcium electrode in the measurement of ionized calcium in serum. Clin Chim Acta 31:119–122
44. Heller W, Gul D, Hoffmeister H-E (1983) Zink, Magnesium und Kalzium im koronaren und peripheren Blut unter den Bedingungen der extrakorporalen Zirkulation. MedWelt 34:1184–1189
45. Hughes WG, Ruedy JR (1986) Should calcium be used in cardiac arrest. Am J Med 81:285–292
46. Jynge P (1980) Protection of the ischemic myocardium. Calcium-free cardioplegic infusates and the additive effects of coronary infusion and ischemia in the induction of the calcium paradox. Thorac Cardiovasc Surg 28:303–309

47. Kahn RC, Jascott D, Carlon GC et al (1979) Massive blood replacement: Correlation of ionized, citrate, and hydrogen ion concentration. Anesth Analg 58:274–278
48. Kaufmann RA, Tietz NW (1980) Ion effects in measurement of ionized calcium with a calcium-selective electrode. Clin Chem 26:640–644
49. Kuhlmann U (1981) Hyperkalzämie: Physiologie, Symptome, Ursachen, Differentialdiagnose und Abklärungsstrategie. Lab Med 5:247–257
50. Kunkel R, Hagl S, Richter JA, Habermeyer P, Sebening F (1979) The effects of deep hypothermia and circulatory arrest on systemic metabolic state of infants undergoing corrective open heart surgery: A comparison of two methods. Thorac Cardiovasc Surg 27:168–177
51. Kunze R (1980) Grundlagen der quantitativen Analyse. Stuttgart
52. Ladenson JH, Bowers GN (1973) Free calcium in serum. I. Determination with the ion-specific electrode, and factors affecting the results. Clin Chem 19:565–574
53. Larsson L, Öhmann S (1980) Nova 2 ionized calcium analyzer compared with the Orion SS-20. Clin Chem 26:1761–1762
54. Li T-K, Piechocki JT (1971) Determination of serum ionic calcium an ion-selective electrode: Evaluation of methodology and normal values. Clin Chem 17:411–416
55. Madsen S, Ølgaard K (1977) Evaluation of a new automatic calcium ion analyzer. Clin Chem 23:690–694
56. Malekpour A, Taylor D, King ME (1982) Nova 2 ionized calcium: Evaluation, interference and reference values. Clin Chem 28:1576
57. Marshall RW, Hodgkinson H (1983) Calculation of plasma ionised calcium from total calcium, proteins and pH: comparison with measured values. Clin Chim Acta 127:305–310
58. Matthews AJ, Stead AL, Abbott TR (1984) Acid-base control during hypothermia: Acid-base control in children hypothermia without temperature correction of pH and pCO_2. Anaesthesia 39:649–654
59. Mödder B, Schindler J (1980) Fehlende Hyperkalzämiezeichen bei hoher Kalziumbindung an ein Paraprotein. MedWelt 31:1591–1595
60. Moffitt EA, Sethna DH, Gray RJ, Bussell J, Conklin CM et al (1982) Effects of calcium on the coronary and systemic circulation in patients after coronary surgery. Can Anaesth Soc J 29:313–317
61. Moore EW (1969) Studies with ion-exchange calcium electrodes in biological fluids: Some applications in biomedical research and clinical medicine. In: Durst R A (ed) Ion-selective electrodes. Washington
62. Moore EW (1970) Ionized calcium in normal serum, ultrafiltrates, and whole blood determined by ion-exchange electrodes. J Clin Invest 49:318–334
63. Müller-Plathe O, Lindemann K (1984) Gesamtcalcium oder ionisiertes Calcium? Dtsch Med Wschr 109:527–531
64. Müller-Plathe O (1984) Qualitätssicherung in der Blutgasanalytik. Dtsch Ärztbl 45:2367–2374
65. Nayler WG (1983) Calcium and cell death. Eur Heart J 4 (Suppl) C:33–41
66. Nordin BEC (1976) Calcium, phosphate and magnesium metabolism. Churchill Livingstone, Edinburgh London New York
67. Oreskes I, Hirsch C, Douglas KS, Jupfer S (1968) Measurement of ionized calcium in human plasma with a calcium selective electrode. Clin Chim Acta 21:303–313
68. Palermo LM, Andrews RW, Ellison N (1979) Calcium kinetics after bolus injection of calcium chloride prior to and during cardiopulmonary bypass. Anesthesiology 53:144
69. Paschen K (1981) Elektrolytbestimmung mittels ionenselektiver Elektroden. Med Lab 34:119–123
70. Payne RB (1981) Carryover between internal standards in the Nova 2 ionized calcium analyzer. Clin Chem 27:1956–1957
71. Pedersen KO (1971) The effect of bicarbonate, pCO_2 and pH on serum calcium fractions. Scand J Clin Lab Invest 27:145–150
72. Pedersen KO (1972) Binding of calcium to serum albumin. IV. Effect of temperature and thermodynamics of calcium-albumin interaction. Scand J Clin Lab Invest 30:89–94
73. Pedersen KO, Juhl O (1983) Blood ionized calcium measurements during aortocoronary bypass graft operations. Scanc J Clin Lab Invest 43 (Suppl) 165:107–109

74. Pöge AW, Otto U (1980) Veränderungen der Säuren-Basen- und Blutgas-Parameter in Abhängigkeit von der Aufbewahrungszeit und -temperatur. Z Ges Inn Med 35:375–378
75. Radde IC, Höffken B, Parkinson DK, Sheepers J, Luckham A (1971) Practical aspects of a measurement technique for calcium ion activity in plasma. Clin Chem 17:1002–1006
76. Radke J, Turner E (1984) Veränderungen von ionisiertem und Gesamtcalcium unter dem Einfluß von Zitratbluttransfusion beim Menschen. Anaesthesist 33:467
77. Reeves RB (1976) Temperature-induced changes in blood acid-base status: pH and pCO_2 in a binary buffer. J Appl Physiol 40:752–761
78. Robertson WG, Marshall RW (1979) Calcium measurements in serum and plasma – total and ionized. CRC Crit Rev Clin Lab Sci 11:217–304
79. Rosenthal TB (1948) The effect of temperature on the pH of blood and plasma in vitro. J Biol Chem 173:25–30
80. Schaer H (1974) Decrease in ionized calcium by bicarbonate in physiological solutions. Pflügers Arch 347:249–254
81. Schaer H, Bachmann U (1974) Ionized calcium in acidosis: Differential effect of hypercapnic and lactic acidosis. Br J Anaesth 46:842–848
82. Schaer H (1976) Effects on ionized calcium of a correction of acidoses with alkalinizing agents. Br J Anaesth 48:327–332
83. Scheidegger G, Drop LJ (1984) Ionisiertes Kalzium. Anaesthesiologie und Intensivmedizin, Bd 163. Springer, Berlin Heidelberg New York Tokyo
84. Scheidegger D (1985) Analyse des ionisierten Kalziums auf der Intensivstation unerläßlich. Fortschr-Med 103:39–40
85. Scheidegger D, Barth D, Buchmaun B (1986) Kalzium in der Reanimation: Eine kritische Betrachtung. Notfallmedizin 12:659–662
86. Schwartz HD (1975) Serum ionized calcium by electrodes: New technology and methodology. Clin Chim Acta 64:227–239
87. Siggaard-Andersen O, Thode J, Wandrup J (1980) Die Konzentration von ungebundenem Kalzium Ionen im Blutplasma „ionisiertes Kalzium" IFCC, EPpH, workshop, Copenhagen
88. Siggaard-Andersen O, Thode J, Fogh-Andersen N (1983) What is „ionized calcium"? Scand J Clin Lab Invest 43 (Suppl) 165:11–16
89. Siggaard-Andersen O, Thode J, Fogh-Andersen N (1983) Nomograms for calculating the concentration of ionized calcium of human blood plasma from total calcium, total protein and/or albumin, and pH. Scand J Clin Lab Invest 43 (Suppl) 165:57–64
90. Simon W, Ammann D, Oehme M, Morf WE (1978) Calcium-selective electrodes. Ann NY Acad Sci 307:52–70
91. Skrabal F, Dittrich P (1977) Physiologie und Regulation des Calciumhaushaltes. In: Zumkley H (Hrsg) Klinik des Wasser-, Elektrolyt- und Säure-Basen-Haushalts. Thieme
92. Smith, SCH, Buckley BM, Wedge G, Bold AM (1983) An evaluation of the ICA1 ionized calcium analyzer in a clinical chemistry laboratory. Scand J Clin Lab Invest 43 (Suppl) 165:33–37
93. Stulz PM, Scheidegger D, Drop LJ (1979) Ventricular pump function performance during hypocalcemia. J Thorac Cardiovasc Surg 78:185–187
94. Swan H (1982) The hydroxyl-hydrogen ion concentration ratio during hypothermia. Surg Gynecol Obstet 155:897–912
95. Thode J, Fogh-Andersen N, Wimberley PD, Møller-Sørensen A, Siggaard-Andersen O (1983) Relation between pH and ionized calcium in vitro and in vivo in man. Scand J Clin Lab Invest 43 (Suppl) 165:79–82
96. Tietz U, Fünfstück R, Stein G, Keil E, Grünke U (1981) Nachweis des ionisierten Kalziums im Blut mit einer Ca^{++}-sensitiven Elektrode. Z Urol Nephrol 74:455–460
97. Vadgama P, Mitchison J, Covington AK, Alberti KGMM (1982) Interferent ion effects on the Orion SS-20 calcium ion analyser. Clin Chim Acta 119:249–256
98. van der Veen FH, van der Vusse GF, Lelkens JP, Reneman RS (1983) Ionized Ca^{2+} in blood during hypothermic cardiopulmonary bypass in dog. Scand J Clin Lab Invest 43 (Suppl) 165:115–116
99. Vogel H, Krüger-Franke M, Lühr HG, Finsterer U (1983) Ionisiertes und Gesamtcalcium während herzchirurgischer Operationen: Der Einfluß von extrakorporaler Zirkulation und Konservenblut. Anaesthesist 32:(Suppl) 187

100. Vogel H, Krüger-Franke M, Lühr HG, Franke N, Finsterer U et al (1983) Total and ionized calcium levels during open heart surgery with two different pump priming solutions. Scand J Clin Lab Invest 43 (Suppl) 165:111–114
101. Westhorpe RN, Varghese Z, Petrie A, Wills MR, Lumley J (1978) Changes in ionized calcium and other plasma constituents associated with cardiopulmonary bypass. Br J Anaesth 50:1–957
102. White RD, Goldsmith RS, Rodriguez R, Moffitt EA, Pluth JR (1976) Plasma ionic calcium levels following injection of chloride, gluconate, and gluceptate salts of calcium. J Thorac Cardiovasc Surg 71:609–613
103. Williams RJP (1977) Calcium chemistry and its relation to protein binding. In: Wassermann RH (ed) Calcium-binding protein and calcium function. New York, pp 3–11
104. Wortsmann J, Franciskovich P, Traycoff R, Maroun LE (1977) The distribution of protein-bound calcium in normal human serum: A tightly bound subfraction characterized. In: Wassermann RH (ed) Calcium binding protein and calcium function. New York, pp 434–436
105. Yoshioka, K, Tsuchioka H, Abe T, Iyomasa Y (1978) Changes in ionized and total calcium concentrations in serum and urine during open heart surgery. Biochem Med 20:135–143

Sachverzeichnis